建筑工程设计文件编制深度规定

U0212541

中国建材工业出版社

图书在版编目（CIP）数据

建筑工程设计文件编制深度规定/中南建筑设计院股份有限公司主编.—北京：中国建材工业出版社，2017.5

ISBN 978-7-5160-1317-5

Ⅰ.①建… Ⅱ.①中… Ⅲ.①建筑设计—文件—编制—规定—中国 Ⅳ.①TU2

中国版本图书馆 CIP 数据核字（2017）第 092752 号

建筑工程设计文件编制深度规定

主编　中南建筑设计院股份有限公司

出版发行：中国建材工业出版社

地　　址：北京市海淀区三里河路 1 号

邮　　编：100044

经　　销：全国各地新华书店

印　　刷：廊坊市海涛印刷有限公司

开　　本：787mm×1092mm　1/16

印　　张：7

字　　数：170 千字

版　　次：2017 年 5 月第 1 版

印　　次：2017 年 5 月第 1 次

定　　价：**46.00 元**

本社网址：**www.jccbs.com**　　微信公众号：**zgjcgycbs**

本书如出现印装质量问题，由我社市场营销部负责调换。联系电话：**（010）88386906**

前　　言

本规定依据《建设工程质量管理条例》（国务院第 279 号令）和《建设工程勘察设计管理条例》（国务院第 662 号令），在《建筑工程设计文件编制深度规定》（2008 年版）基础上修编而成。

本规定与 2008 年版规定相比主要变化如下：

——新增绿色建筑技术应用的内容。

——新增装配式建筑设计内容。

——新增建筑设备控制相关规定。

——新增建筑节能设计要求，包括各相关专业的设计文件和计算书深度要求。

——新增结构工程超限设计可行性论证报告内容。

——新增建筑幕墙、基坑支护及建筑智能化专项设计内容。

——根据建筑工程项目在审批、施工等方面对设计文件深度要求的变化，对原规定中部分条文作了修改，使之更加适用于目前的工程项目设计，尤其是民用建筑工程项目设计。

本规定由住房和城乡建设部批准。

本规定的主编单位为中南建筑设计院股份有限公司，参编单位为中国建筑西北设计研究院有限公司、华东建筑设计研究院有限公司、中国建筑西南设计研究院有限公司、中国建筑东北设计研究院有限公司、北京市建筑设计研究院有限公司、广东省建筑设计研究院、中国建筑业协会智能建筑分会、中建科技集团有限公司。

本规定主要起草人：

总负责人：李霆

总则、一般要求部分：刘炳清

建筑、总平面部分：翁皓、党春红、李春舫、林莉

结构部分：李霆、徐厚军、郑瑾

建筑电气部分：杜毅威、熊江

给水排水部分：金鹏、涂正纯

供暖通风与空气调节、热能动力部分：郑小梅、杨允立、吴光林、马友才

技术经济部分：张变兰、聂钢

建筑幕墙部分：王书华

基坑工程部分：陈义平

建筑智能化部分：耿望阳

装配式建筑部分：叶浩文、樊则森、李文、孙占琦、蒋杰、马涛、王炜、张沂

目　　录

1 总　则

1.0.1 为加强对建筑工程设计文件编制工作的管理，保证各阶段设计文件的质量和完整性，特制定本规定。

1.0.2 本规定适用于境内和援外的民用建筑、工业厂房、仓库及其配套工程的新建、改建、扩建工程设计。

1.0.3 本规定是设计文件编制深度的基本要求。在满足本规定的基础上，设计深度尚应符合各类专项审查和工程所在地的相关要求。

1.0.4 建筑工程一般应分为方案设计、初步设计和施工图设计三个阶段；对于技术要求相对简单的民用建筑工程，当有关主管部门在初步设计阶段没有审查要求，且合同中没有作初步设计的约定时，可在方案设计审批后直接进入施工图设计。

1.0.5 各阶段设计文件编制深度应按以下原则进行（具体应执行第2、3、4章条款）：

　　1 方案设计文件，应满足编制初步设计文件的需要，应满足方案审批或报批的需要。

　　注：本规定仅适用于报批方案设计文件编制深度。对于投标方案设计文件的编制深度，应执行住房和城乡建设部颁发的相关规定。

　　2 初步设计文件，应满足编制施工图设计文件的需要，应满足初步设计审批的需要。

　　3 施工图设计文件，应满足设备材料采购、非标准设备制作和施工的需要。

　　注：对于将项目分别发包给几个设计单位或实施设计分包的情况，设计文件相互关联处的深度应满足各承包或分包单位设计的需要。

1.0.6 在设计中宜因地制宜正确选用国家、行业和地方建筑标准设计，并在设计文件的图纸目录或施工图设计说明中注明所应用图集的名称。

　　重复利用其他工程的图纸时，应详细了解原图利用的条件和内容，并作必要的核算和修改，以满足新设计项目的需要。

1.0.7 当设计合同对设计文件编制深度另有要求时，设计文件编制深度应同时满足本规定和设计合同的要求。

1.0.8 本规定对设计文件编制深度的要求具有通用性。对于具体的工程项目设计，应根据项目的内容和设计范围按本规定的相关条款执行。

1.0.9 本规定不作为各专业设计分工的依据。当多个专业由一人完成时，应分专业出图，设计文件的深度应符合本规定要求。

1.0.10 设计单位在设计文件中选用的建筑材料、建筑构配件和设备，应当注明规格、性能等技术指标，其质量要求必须符合国家规定的标准。

1.0.11 当建设单位另行委托相关单位承担项目专项设计（包括二次设计）时，主体建筑设计单位应提出专项设计的技术要求并对主体结构和整体安全负责。专项设计单位应依据本规定相关章节的要求以及主体建筑设计单位提出的技术要求进行专项设计并对设计内容负责。

1.0.12 装配式建筑工程设计中宜在方案阶段进行"技术策划"，其深度应符合本规定相关章节的要求。预制构件生产之前应进行装配式建筑专项设计，包括预制混凝土构件加工详图设计。主体建筑设计单位应对预制构件深化设计进行会签，确保其荷载、连接以及对主体结构的影响均符合主体结构设计的要求。

2 方案设计

2.1 一般要求

2.1.1 方案设计文件。

1 设计说明书，包括各专业设计说明以及投资估算等内容；对于涉及建筑节能、环保、绿色建筑、人防等设计的专业，其设计说明应有相应的专门内容。

2 总平面图以及相关建筑设计图纸（若为城市区域供热或区域燃气调压站，应提供热能动力专业的设计图纸，具体见2.3.3条）。

3 设计委托或设计合同中规定的透视图、鸟瞰图、模型等。

2.1.2 方案设计文件的编排顺序。

1 封面：写明项目名称、编制单位、编制年月。

2 扉页：写明编制单位法定代表人、技术总负责人、项目总负责人及各专业负责人的姓名，并经上述人员签署或授权盖章。

3 设计文件目录。

4 设计说明书。

5 设计图纸。

2.1.3 装配式建筑技术策划文件。

1 技术策划报告，包括技术策划依据和要求、标准化设计要求、建筑结构体系、建筑围护系统、建筑内装体系、设备管线等内容。

2 技术配置表，装配式结构技术选用及技术要点。

3 经济性评估，包括项目规模、成本、质量、效率等内容。

4 预制构件生产策划，包括构件厂选择、构件制作及运输方案，经济性评估等。

2.2 设计说明书

2.2.1 设计依据、设计要求及主要技术经济指标。

1 与工程设计有关的依据性文件的名称和文号，如选址及环境评价报告、用地红线图、项目的可行性研究报告、政府有关主管部门对立项报告的批文、设计任务书或协议书等。

2 设计所执行的主要法规和所采用的主要标准（包括标准的名称、编号、年号和版本号）。

3 设计基础资料，如气象、地形地貌、水文地质、抗震设防烈度、区域位置等。

4 简述政府有关主管部门对项目设计的要求，如对总平面布置、环境协调、建筑风格等方面的要求。当城市规划等部门对建筑高度有限制时，应说明建筑、构筑物的控制高度（包括最高和最低高度限值）。

5 简述建设单位委托设计的内容和范围，包括功能项目和设备设施的配套情况。

6 工程规模（如总建筑面积、总投资、容纳人数等）、项目设计规模等级和设计标准（包括结构的设计使用年限、建筑防火类别、耐火等级、装修标准等）。

7 主要技术经济指标，如总用地面积、总建筑面积及各分项建筑面积（还要分别列出地上部分和地下部分建筑面积）、建筑基底总面积、绿地总面积、容积率、建筑密度、绿地率、停车泊位数（分室内、室外和地上、地下），以及主要建筑或核心建筑的层数、层高和总高度等项指标；根据不同的建筑功能，还应表述能反映工程规模的主要技术经济指标，如住宅的套型、套数及每套的建筑面积、使用面积，旅馆建筑中的客房数和床位数，医院建筑中的门诊人次和病床数等指标；当工程项目（如城市居住区规划）另有相应的设计规范或标准时，技术经济指标应按其规定执行。

2.2.2 总平面设计说明。

1 概述场地区位、现状特点和周边环境情况及地质地貌特征，详尽阐述总体方案的构思意图和布局特点，以及在竖向设计、交通组织、防火设计、景观绿化、环境保护等方面所采取的具体措施。

2 说明关于一次规划、分期建设，以及原有建筑和古树名木保留、利用、改造（改建）方面的总体设想。

2.2.3 建筑设计说明。

1 建筑方案的设计构思和特点。

2 建筑与城市空间关系、建筑群体和单体的空间处理、平面和剖面关系、立面造型和环境营造、环境分析（如日照、通风、采光），以及立面主要材质色彩等。

3 建筑的功能布局和内部交通组织，包括各种出入口，楼梯、电梯、自动扶梯等垂直交通运输设施的布置。

4 建筑防火设计，包括总体消防、建筑单体的防火分区、安全疏散等设计原则。

5 无障碍设计简要说明。

6 当建筑在声学、建筑光学、建筑安全防护与维护、电磁波屏蔽以及人防地下室等方面有特殊要求时，应作相应说明。

7 建筑节能设计说明：

1）设计依据。

2）项目所在地的气候分区及建筑分类。

3）概述建筑节能设计及围护结构节能措施。

8 当项目按绿色建筑要求建设时，应有绿色建筑设计说明。

1）设计依据。

2）项目绿色建筑设计的目标和定位。

3）概述绿色设计的主要策略。

9 当项目按装配式建筑要求建设时，应有装配式建筑设计说明。

1）设计依据。

2）项目装配式建筑设计的目标和定位。

3）概述装配式建筑设计的主要技术措施。

2.2.4 结构设计说明。

1 工程概况。

1）工程地点、工程周边环境、工程分区、主要功能。

2）各单体（或分区）建筑的长、宽、高，地上与地下层数，各层层高，主要结构跨度，特殊结构及造型，工业厂房的吊车吨位等。

2 设计依据。

1）主体结构设计使用年限。

2）自然条件：风荷载、雪荷载、抗震设防烈度等，有条件时简述工程地质概况。

3）建设单位提出的与结构有关的符合有关法规、标准的书面要求。

4）本专业设计所执行的主要法规和所采用的主要标准（包括标准的名称、编号、年号和版本号）、场地岩土工程初勘报告。

3 建筑分类等级：建筑结构安全等级、建筑抗震设防类别、主要结构的抗震等级、地下室防水等级、人防地下室的抗力等级、有条件时说明地基基础的设计等级。

4 上部结构及地下室结构方案。

1）结构缝（伸缩缝、沉降缝和防震缝）的设置。

2）上部及地下室结构选型概述，上部及地下室结构布置说明（必要时附简图或结构方案比选）。

3）阐述设计中拟采用的新结构、新材料及新工艺等，简要说明关键技术问题的解决方法，包括分析方法（必要时说明拟采用的进行结构分析的软件名称）及构造措施或试验方法。

4）特殊结构宜进行方案可行性论述。

5 基础方案。

有条件时阐述基础选型及持力层，必要时说明对相邻既有建筑物的影响等。

6 主要结构材料。

混凝土强度等级、钢筋种类、钢绞线或高强钢丝种类、钢材牌号、砌体材料、其他特殊材料或产品（如成品拉索、铸钢件、成品支座、消能或减震产品等）的说明等。

7 需要特别说明的其他问题。

如是否需进行风洞试验、振动台试验、节点试验等。对需要进行抗震设防专项审查或其他需要进行专项论证的项目应明确说明。

8 当项目按绿色建筑要求建设时，说明绿色建筑设计目标，采用的与结构有关的绿色建筑技术和措施。

9 当项目按装配式建筑要求建设时，设计说明应有装配式结构设计专门内容。

2.2.5 建筑电气设计说明。

1 工程概况。

2 本工程拟设置的建筑电气系统。

3 变、配、发电系统。

1）负荷级别以及总负荷估算容量。

2）电源，城市电网拟提供电源的电压等级、回路数、容量。

3）拟设置的变、配、发电站数量和位置设置原则。

4）确定备用电源和应急电源的型式、电压等级、容量。

4 智能化设计。

1）智能化各系统配置内容。

2）智能化各系统对城市公用设施的需求。

5 电气节能及环保措施。

6 绿色建筑电气设计。

7 建筑电气专项设计。

8 当项目按装配式建筑要求建设时，电气设计说明应有装配式设计专门内容。

2.2.6 给水排水设计说明。

1 工程概况。

2 本工程设置的建筑给水排水系统。

3 给水。

1）水源情况简述（包括自备水源及城镇给水管网）。

2）给水系统：简述系统供水方式；估算总用水量（最高日用水量、最大时用水量）。

3）热水系统：简述热源、供应范围及系统供应方式；集中热水供应估算耗热量（系统及设计小时耗热量和设计小时热水量）。

4）中水系统：简述设计依据及用途。

5）循环冷却水系统、重复用水系统及采取的其他节水、节能减排采取的措施。

6）管道直饮水系统：简述设计依据、处理方法等。

7）其他给水系统（如非传统水源）的简介。

4 消防。

1）消防水源情况简述（城镇给水管网、自备水源等）。

2）消防系统：简述消防系统种类，水消防系统供水方式，消防水箱、水池等容积，消防泵房的设置等。

3）消防用水量（设计流量、一次灭火用水量、火灾延续时间）。

4）其他灭火系统、设施的设计要求等。

5 排水。

1）排水体制（室内污、废水的排水合流或分流，室外生活排水和雨水的合流或分流），污、废水及雨水的排放出路。

2）给出雨水系统重现期等主要设计参数，估算污废水排水量、雨水量等。

3）生活排水、雨水系统设计说明，雨水控制与综合利用设计说明。

4）污、废水的处理方法。

6 当项目按绿色建筑要求建设时，说明绿色建筑设计目标、采用的绿色建筑技术和措施。

7 当项目按装配式建筑要求建设时，给排水设计说明应有装配式设计专门内容。

8 需要专项设计（包括二次设计）的系统。

9 需要说明的其他问题。

2.2.7 供暖通风与空气调节设计说明。

1 工程概况及供暖通风和空气调节设计范围。

2 供暖、空气调节的室内外设计参数及设计标准。

3 冷、热负荷的估算数据。

4 供暖热源的选择及其参数。

5 空气调节的冷源、热源选择及其参数。

6 供暖、空气调节的系统形式，简述控制方式。

7 通风系统简述。

8 防排烟系统及暖通空调系统的防火措施简述。

9 节能设计要点。

10 当项目按绿色建筑要求建设时，说明绿色建筑设计目标、采用的绿色建筑技术和措施。

11 当项目为装配式建筑要求建设时；供暖通风与空气调节设计说明应有装配式设计专门内容。

12 废气排放处理和降噪、减振等环保措施。

13 需要说明的其他问题。

2.2.8 热能动力设计说明。

1 供热。

1）简述热源概况及供热范围。

2）供热方式及供热参数。

3）供热负荷。

4）锅炉房及场区面积、区域供热时的换热站的面积。

5）热力管道的布置及敷设方式。

6）水源、水质、水压要求。

2 燃料供应。

1）燃料来源、种类及性能要求。

2）燃料供应范围。

3）燃料消耗量。

4）燃料供应方式。

5）废气排放、灰渣储存及运输方式。

3 其他动力站房。

1）站房内容、性质。

2）站房的面积及位置。

3）简述工艺系统形式。

4）用量。

4 节能、环保、消防及安全措施。

5 当项目按绿色建筑要求建设时，说明绿色建筑设计目标、采用的主要绿色建筑技术和措施。

2.2.9 投资估算文件一般由编制说明、总投资估算表、单项工程综合估算表、主要技术经济指标等内容组成。

1 投资估算编制说明。

1）项目概况。

2）编制依据。

3）编制方法。

4）编制范围（包括和不包括的工程项目与费用）。

5）其他必要说明的问题。

2 总投资估算表。

总投资估算表由工程费用、工程建设其他费用、预备费、建设期利息、铺底流动资金、固定资产投资方向调节税等组成。

工程建设其他费用、预备费、建设期利息、铺底流动资金、固定资产投资方向调节税编制内容可参照第3.10节有关概算文件的规定。

3 单项工程综合估算表。

单项工程综合估算表，由各单项工程的建筑工程、装饰工程、机电设备及安装工程、室外总体工程等专业的单位工程费用估算内容组成。

编制内容可参照第3.10节和第4.9节有关建筑工程概、预算文件的规定。

采用装配式建造的建筑应根据各地发布的装配式建筑定额进行编制。

2.3 设计图纸

2.3.1 总平面设计图纸。

1 场地的区域位置。

2 场地的范围（用地和建筑物各角点的坐标或定位尺寸）。

3 场地内及四邻环境的反映（四邻原有及规划的城市道路和建筑物、用地性质或建筑性质、层数等，场地内需保留的建筑物、构筑物、古树名木、历史文化遗存、现有地形与标高、水体、不良地质情况等）。

4 场地内拟建道路、停车场、广场、绿地及建筑物的布置，并表示出主要建筑物、构筑物与各类控制线（用地红线、道路红线、建筑控制线等）、相邻建筑物之间的距离及建筑物总尺寸，基地出入口与城市道路交叉口之间的距离。

5 拟建主要建筑物的名称、出入口位置、层数、建筑高度、设计标高，以及主要道路、广场的控制标高。

6 指北针或风玫瑰图、比例。

7 根据需要绘制下列反映方案特性的分析图：功能分区、空间组合及景观分析、交通分析（人流及车流的组织、停车场的布置及停车泊位数量等）、消防分析、地形分析、竖向设计分析、绿地布置、日照分析、分期建设等。

2.3.2 建筑设计图纸。

1 平面图。

1）平面的总尺寸、开间、进深尺寸及结构受力体系中的柱网、承重墙位置和尺寸（也可用比例尺表示）。

2）各主要使用房间的名称。

3）各层楼地面标高、屋面标高。

4）室内停车库的停车位和行车线路。

5）首层平面图应标明剖切线位置和编号，并应标示指北针。

6）必要时绘制主要用房的放大平面和室内布置。

7）图纸名称、比例或比例尺。

2 立面图。

1）体现建筑造型的特点，选择绘制有代表性的立面。

2）各主要部位和最高点的标高、主体建筑的总高度。

3）当与相邻建筑（或原有建筑）有直接关系时，应绘制相邻或原有建筑的局部立面图。

4）图纸名称、比例或比例尺。

3 剖面图。

1）剖面应剖在高度和层数不同、空间关系比较复杂的部位。

2）各层标高及室外地面标高、建筑的总高度。

3）当遇有高度控制时，标明建筑最高点的标高。

4）剖面编号、比例或比例尺。

4 当项目按绿色建筑要求建设时，以上有关图纸应示意对应的绿色建筑设计内容。

5 当项目按装配式建筑要求建设时，以上有关图纸应表达装配式建筑设计有关内容。（如平面中应表达装配技术使用部位、范围及采用的材料与构造方法，预制墙板的组合关系；预制墙板组合图、叠合楼板组合图等）。

2.3.3 热能动力设计图纸（当项目为城市区域供热或区域燃气调压站时提供）。

1 主要设备平面布置图及主要设备表。

2 工艺系统流程图。

3 工艺管网平面布置图。

3 初步设计

3.1 一般要求

3.1.1 初步设计文件。

    1 设计说明书，包括设计总说明、各专业设计说明。对于涉及建筑节能、环保、绿色建筑、人防、装配式建筑等，其设计说明应有相应的专项内容。

    2 有关专业的设计图纸。

    3 主要设备或材料表。

    4 工程概算书。

    5 有关专业计算书（计算书不属于必须交付的设计文件，但应按本规定相关条款的要求编制）。

3.1.2 初步设计文件的编排顺序。

    1 封面：写明项目名称、编制单位、编制年月。

    2 扉页：写明编制单位法定代表人、技术总负责人、项目总负责人和各专业负责人的姓名，并经上述人员签署或授权盖章。

    3 设计文件目录。

    4 设计说明书。

    5 设计图纸（可单独成册）。

    6 概算书（应单独成册）。

3.2 设计总说明

3.2.1 工程设计依据。

    1 政府有关主管部门的批文，如该项目的可行性研究报告、工程立项报告、方案设计文件等审批文件的文号和名称。

    2 设计所执行的主要法规和所采用的主要标准（包括标准的名称、编号、年号和版本号）。

    3 工程所在地区的气象、地理条件、建设场地的工程地质条件。

    4 公用设施和交通运输条件。

    5 规划、用地、环保、卫生、绿化、消防、人防、抗震等要求和依据资料。

    6 建设单位提供的有关使用要求或生产工艺等资料。

3.2.2 工程建设的规模和设计范围。

    1 工程的设计规模及项目组成。

    2 分期建设的情况。

    3 承担的设计范围与分工。

3.2.3 总指标。

    1 总用地面积、总建筑面积和反映建筑功能规模的技术指标。

    2 其他有关的技术经济指标。

3.2.4 设计要点综述。

    1 简述各专业的设计特点和系统组成。

    2 采用新技术、新材料、新设备和新结构的情况。

    3 当项目按装配式建筑要求建设时，简述采用的装配式建筑技术要点。

3.2.5 提请在设计审批时需解决或确定的主要问题。

    1 有关城市规划、红线、拆迁和水、电、蒸汽或高温水、燃料及充电桩等供应的协作问题。

    2 总建筑面积、总概算（投资）存在的问题。

    3 设计选用标准方面的问题。

    4 主要设计基础资料和施工条件落实情况等影响设计进度的因素。

    5 明确需要进行专项研究的内容。

    注：总说明中已叙述的内容，在各专业说明中可不再重复。

3.3 总 平 面

3.3.1 在初步设计阶段，总平面专业的设计文件应包括设计说明书、设计图纸。

3.3.2 设计说明书。

    1 设计依据及基础资料。

    1）摘述方案设计依据资料及批示中与本专业有关的主要内容。

    2）有关主管部门对本工程批示的规划许可技术条件（用地性质、道路红线、建筑控制线、城市绿线、用地红线、建筑物控制高度、建筑退让各类控制线距离、容积率、建筑密度、绿地率、日照标准、高压走廊、出入口位置、停车泊位数等），以及对总平面布局、周围环境、空间处理、交通组织、环境保护、文物保护、分期建设等方面的特殊要求。

    3）本工程地形图编制单位、日期，采用的坐标、高程系统。

    4）凡设计总说明中已阐述的内容可从略。

    2 场地概述。

    1）说明场地所在地的名称及在城市中的位置（落实到乡镇区一级）（简述周围自然与人文环境、道路、市政基础设施与公共服务设施配套和供应情况，以及四邻原有和规划的重要建筑物与构筑物）。

    2）概述场地地形地貌（如山丘范围、高度，水域的位置、流向、水深，最高最低标高、总坡向、最大坡度和一般坡度等地貌特征）。

    3）描述场地内原有建筑物、构筑物，以及保留（包括名木、古迹、地形、植被等）、拆除的情况。

4）摘述与总平面设计有关的不利自然因素，如地震、湿陷性或胀缩性土、地裂缝、岩溶、滑坡、地下水位标高与其他地质灾害。

3 总平面布置。

1）说明总平面设计构思及指导思想，说明如何结合自然环境和地域文脉，综合考虑地形、地质、日照、通风、防火、卫生、交通及环境保护等要求进行总体布局，使其满足使用功能、城市规划要求以及技术安全、经济合理性、节能、节地、节水、节材等要求。

2）说明功能分区、远近期结合、预留发展用地的设想。

3）说明建筑空间组织及其与四周环境的关系。

4）说明环境景观和绿地布置及其功能性、观赏性等。

5）说明无障碍设施的布置。

4 竖向设计。

1）说明竖向设计的依据（如城市道路和管道的标高、地形、排水、最高洪水位、最高潮水位、土方平衡等情况）。

2）说明如何利用地形，综合考虑功能、安全、景观、排水等要求进行竖向布置；说明竖向布置方式（平坡式或台阶式）、地表雨水的收集利用及排除方式（明沟或暗管）等；如采用明沟系统，还应阐述其排放地点的地形与高程等情况。

3）根据需要注明初平土石方工程量。

4）防灾措施，如针对洪水、内涝、滑坡、潮汐及特殊工程地质（湿陷性或膨胀性土）等的技术措施。

5 交通组织。

1）说明与城市道路的关系。

2）说明基地人流和车流的组织、路网结构、出入口、停车场（库）的布置及停车数量的确定。

3）消防车道及高层建筑消防扑救场地的布置。

4）说明道路主要的设计技术条件（如主干道和次干道的路面宽度、路面类型、最大及最小纵坡等）。

6 主要技术经济指标表（见表 3.3.2）。

表 3.3.2　民用建筑主要技术经济指标表

序号	名称	单位	数量	备注
1	总用地面积	hm^2		
2	总建筑面积	m^2		地上、地下部分应分列，不同功能性质部分应分列
3	建筑基底总面积	hm^2		
4	道路广场总面积	hm^2		含停车场面积
5	绿地总面积	hm^2		可加注公共绿地面积

序号	名称	单位	数量	备注
6	容积率			(2)／(1)
7	建筑密度	%		(3)／(1)
8	绿地率	%		(5)／(1)
9	机动车停车泊位数	辆		室内、外应分列
10	非机动车停放数量	辆		

注：1. 当工程项目（如城市居住区）有相应的规划设计规范时，技术经济指标的内容应按其执行。

2. 计算容积率时，通常不包括±0.00以下地下建筑面积。

7 室外工程主要材料。

3.3.3 设计图纸。

1 区域位置图（根据需要绘制）。

2 总平面图。

1）保留的地形和地物。

2）测量坐标网、坐标值，场地范围的测量坐标（或定位尺寸），道路红线、建筑控制线、用地红线。

3）场地四邻原有及规划的道路、绿化带等的位置（主要坐标或定位尺寸）和主要建筑物及构筑物的位置、名称、层数、间距。

4）建筑物、构筑物的位置（人防工程、地下车库、油库、贮水池等隐蔽工程用虚线表示）与各类控制线的距离，其中主要建筑物、构筑物应标注坐标（或定位尺寸）、与相邻建筑物之间的距离及建筑物总尺寸、名称（或编号）、层数。

5）道路、广场的主要坐标（或定位尺寸），停车场及停车位、消防车道及高层建筑消防扑救场地的布置，必要时加绘交通流线示意。

6）绿化、景观及休闲设施的布置示意，并表示出护坡、挡土墙、排水沟等。

7）指北针或风玫瑰图。

8）主要技术经济指标表（见表3.3.2）。

9）说明栏内注写：尺寸单位、比例、地形图的测绘单位、日期，坐标及高程系统名称（如为场地建筑坐标网时，应说明其与测量坐标网的换算关系），补充图例及其他必要的说明等。

3 竖向布置图。

1）场地范围的测量坐标值（或注尺寸）。

2）场地四邻的道路、地面、水面，及其关键性标高（如道路出入口）。

3）保留的地形、地物。

4）建筑物、构筑物的位置名称（或编号）、主要建筑物和构筑物的室内外设计标高、层数，有严格限制的建筑物、构筑物高度。

5）主要道路、广场的起点、变坡点、转折点和终点的设计标高，以及场地的控制性标高。

6）用箭头或等高线表示地面坡向，并表示出护坡、挡土墙、排水沟等。

7）指北针。

8）注明：尺寸单位、比例、补充图例。

4 根据项目实际情况可增加绘制交通、日照、土方图等，也可图纸合并。

3.4 建 筑

3.4.1 在初步设计阶段建筑专业设计文件应包括设计说明书和设计图纸。

3.4.2 设计说明书。

1 设计依据。

1）摘述设计任务书和其他依据性资料中与建筑专业有关的主要内容。

2）设计所执行的主要法规和所采用的主要标准（包括标准的名称、编号、年号和版本号）。

3）项目批复文件、审查意见等的名称和文号。

2 设计概述。

1）表述建筑的主要特征，如建筑总面积、建筑占地面积、建筑层数和总高、建筑防火类别、耐火等级、设计使用年限、地震基本烈度、主要结构选型、人防类别、面积和防护等级、地下室防水等级、屋面防水等级等。

2）概述建筑物使用功能和工艺要求。

3）简述建筑的功能分区、平面布局、立面造型及与周围环境的关系。

4）简述建筑的交通组织、垂直交通设施（楼梯、电梯、自动扶梯）的布局，以及所采用的电梯、自动扶梯的功能、数量和吨位、速度等参数。

5）建筑防火设计，包括总体消防、建筑单体的防火分区、安全疏散、疏散宽度计算和防火构造等。

6）无障碍设计，包括基地总体上、建筑单体内的各种无障碍设施要求等。

7）人防设计，包括人防面积、设置部位、人防类别、防护等级、防护单元数量等。

8）当建筑在声学、建筑光学、建筑安全防护与维护、电磁波屏蔽等方面有特殊要求时所采取的特殊技术措施。

9）主要的技术经济指标包括能反映建筑工程规模的总建筑面积以及诸如住宅的套型和套数、旅馆的房间数和床位数、医院的病床数、车库的停车位数量等。

10）简述建筑的外立面用料及色彩、屋面构造及用料、内部装修使用的主要或特殊建筑材料。

11）对具有特殊防护要求的门窗作必要的说明。

3 多子项工程中的简单子项可用建筑项目主要特征表（见表3.4.2）作综合说明。

表 3.4.2　建筑项目主要特征表

项目名称		备注
编号		
建筑总面积		地上、地下另外分列
建筑占地面积		
建筑层数、总高		地上、地下分列
建筑防火类别		
耐火等级		
设计使用年限		
地震基本烈度		
主要结构选型		
人防类别和防护等级		说明平、战时功能
地下室防水等级		
屋面防水等级		
建筑构造及装修	墙体	
	地面	
	楼面	
	屋面	
	天窗	
	门	
	窗	
	顶棚	
	内墙面	
	外墙面	

注：建筑构造及装修项目可随工程内容增减。

4　对需分期建设的工程，说明分期建设内容和对续建、扩建的设想及相关措施。

5　幕墙工程和金属、玻璃和膜结构等特殊屋面工程（说明节能、抗风压、气密性、水密性、防水、防火、防护、隔声的设计要求，饰面材质色彩、涂层等主要的技术要求），及其他需要专项设计、制作的工程内容的必要说明。

6　需提请审批时解决的问题或确定的事项以及其他需要说明的问题。

7　建筑节能设计说明。

1）设计依据。

2）项目所在地的气候分区、建筑分类及围护结构的热工性能限值。

3）简述建筑的节能设计，确定体型系数（按不同气候区要求）、窗墙比、屋顶透光部分比等主要参数，明确屋面、外墙（非透光幕墙）、外窗（透光幕墙）等围护结构的热工性能及节能构造措施。

15

8 当项目按绿色建筑要求建设时，应有绿色建筑设计说明。

1）设计依据。

2）绿色建筑设计的目标和定位。

3）评价与建筑专业相关的绿色建筑技术选项及相应的指标、做法说明。

4）简述相关绿色建筑设计的技术措施。

9 当项目按装配式建筑要求建设时，应有装配式建筑设计和内装专项说明。

1）设计依据。

2）装配式建筑设计的项目特点和定位。

3）装配式建筑评价与建筑专业相关的装配式建筑技术选项。

4）简述相关装配式建筑设计相关的技术措施。

3.4.3 设计图纸。

1 平面图。

1）标明承重结构的轴线、轴线编号、定位尺寸和总尺寸，注明各空间的名称和门窗编号，住宅标注套型内卧室、起居室（厅）、厨房、卫生间等空间的使用面积。

2）绘出主要结构和建筑构配件，如非承重墙、壁柱、门窗（幕墙）、天窗、楼梯、电梯、自动扶梯、中庭（及其上空）、夹层、平台、阳台、雨篷、台阶、坡道、散水明沟等的位置；当围护结构为幕墙时，应标明幕墙与主体结构的定位关系。

3）表示主要建筑设备的位置，如水池、卫生器具等与设备专业有关的设备的位置。

4）表示建筑平面或空间的防火分区和面积以及安全疏散的内容，宜单独成图。

5）标明室内、外地面设计标高及地上、地下各层楼地面标高。

6）首层平面标注剖切线位置、编号及指北针。

7）绘出有特殊要求或标准的厅、室的室内布置，如家具的布置等；也可根据需要选择绘制标准层、标准单元或标准间的放大平面图及室内布置图。

8）图纸名称、比例。

2 立面图。

应选择绘制主要立面，立面图上应标明：

1）两端的轴线和编号。

2）立面外轮廓及主要结构和建筑部件的可见部分，如门窗（消防救援窗）、幕墙、雨篷、檐口（女儿墙）、屋顶、平台、栏杆、坡道、台阶和主要装饰线脚等。

3）平、剖面未能表示的屋顶、屋顶高耸物、檐口（女儿墙）、室外地面等处主要标高或高度。

4）主要可见部位的饰面用料。

5）图纸名称、比例。

3 剖面图。

剖面应剖在层高、层数不同、内外空间比较复杂的部位（如中庭与邻近的楼层或错层部位），剖面图应准确、清楚地绘示出剖到或看到的各相关部分内容，并应表示：

16

1）主要内外承重墙、柱的轴线，轴线编号。

2）主要结构和建筑构造部件，如：地面、楼板、屋顶、檐口、女儿墙、吊顶、梁、柱、内外门窗、天窗、楼梯、电梯、平台、雨篷、阳台、地沟、地坑、台阶、坡道等。

3）各层楼地面和室外标高，以及建筑的总高度，各楼层之间尺寸及其他必需的尺寸等。

4）图纸名称、比例。

4 根据需要绘制局部的平面放大图或节点详图。

5 对于贴邻的原有建筑，应绘出其局部的平、立、剖面。

6 当项目按绿色建筑要求建设时，以上有关图纸应表示相关绿色建筑设计技术的内容。

7 当项目按装配式建筑要求建设时，设计图纸应表示采用装配式建筑设计技术的内容。如在平面图中用不同图例注明采用预制构件（柱、剪力墙、围护墙体、凸窗等）位置，立面图中预制构件板块的立面示意及拼缝的位置；表达预制外墙防水、保温、隔声、防火的典型构造大样和建筑构筑配件安装，以及卫生间等有水房间的地板、墙体防水节点大样等。

3.5 结　　构

3.5.1 在初步设计阶段，结构专业设计文件应有设计说明书、结构布置图和计算书。

3.5.2 设计说明书。

1 工程概况。

1）工程地点、工程周边环境、工程分区、主要功能。

2）各单体（或分区）建筑的长、宽、高，地上与地下层数，各层层高，主要结构跨度，特殊结构及造型，工业厂房的吊车吨位等。

2 设计依据。

1）主体结构设计使用年限。

2）自然条件：基本风压、冻土深度、基本雪压、气温（必要时提供）、抗震设防烈度（包括地震加速度值）等。

3）工程地质勘察报告或可靠的地质参考资料。

4）场地地震安全性评价报告（必要时提供）。

5）风洞试验报告（必要时提供）。

6）建设单位提出的与结构有关的符合有关标准、法规的书面要求。

7）批准的上一阶段的设计文件。

8）本专业设计所执行的主要法规和所采用的主要标准（包括标准的名称、编号、年号和版本号）。

3 建筑分类等级。

应说明下列建筑分类等级及所依据的规范或批文：

1）建筑结构安全等级。

2）地基基础设计等级。

3）建筑桩基设计等级。

4）建筑抗震设防类别。

5）主体结构类型及抗震等级。

6）地下室防水等级。

7）人防地下室的设计类别、防常规武器抗力级别和防核武器抗力级别。

8）建筑防火分类等级和耐火等级。

9）湿陷性黄土场地建筑物分类。

10）混凝土构件的环境类别。

4 主要荷载（作用）取值。

1）楼（屋）面活荷载、特殊设备荷载。

2）风荷载（包括地面粗糙度、有条件时说明体型系数、风振系数等）。

3）雪荷载（必要时提供积雪分布系数等）。

4）地震作用（包括设计基本地震加速度、设计地震分组、场地类别、场地特征周期、结构阻尼比、水平地震影响系数最大值等）。

5）温度作用及地下室水浮力的有关设计参数。

6）特殊的荷载（作用）工况组合，包括分项系数及组合系数。

5 上部及地下室结构设计。

1）结构缝（伸缩缝、沉降缝和防震缝）的设置。

2）上部及地下室结构选型及结构布置说明；对于复杂结构，应根据有关规定判定是否为超限工程。

3）关键技术问题的解决方法；特殊技术的说明，结构重要节点、支座的说明或简图。

4）有抗浮要求的地下室应明确抗浮措施。

5）结构特殊施工措施、施工要求及其他需要说明的内容。

6 地基基础设计。

1）工程地质和水文地质概况，应包括各主要土层的压缩模量和承载力特征值（或桩基设计参数）；地基液化判别，地基土冻胀性和融陷情况，湿陷性黄土地基湿陷登记和类型，膨胀土地基的膨缩等级，抗浮设防水位特殊地质条件（如溶洞）等说明，土及地下水对钢筋、钢材和混凝土的腐蚀性。

2）基础选型说明。

3）采用天然地基时应说明基础埋置深度和持力层情况；采用桩基时，应说明桩的类型、桩端持力层及进入持力层的深度、承台埋深；采用地基处理时，应说明地基处理要求。

4）关键技术问题的解决方法。

5）必要时应说明对既有建筑物、构筑物、市政设施和道路等的影响和保护措施。

6）施工特殊要求及其他需要说明的内容。

7 结构分析。

1）采用的结构分析程序名称、版本号、编制单位；复杂结构或重要建筑应至少采用两种不同的计算程序。

2）结构分析所采用的计算模型、整体计算嵌固部位，结构分析输入的主要参数，必要时附计算模型简图。

3）列出主要控制性计算结果，可以采用图表方式表示；对计算结果进行必要的分析和说明，并根据有关规定进行结构超限情况判定。

8 主要结构材料。

混凝土强度等级、钢筋种类、砌体强度等级、砂浆强度等级、钢绞线或高强钢丝种类、钢材牌号、预制构件连接材料、密封材料、特殊材料等。特殊材料或产品（如成品拉索、锚具、铸钢件、成品支座、消能减震器、高强螺栓等）的说明等。

9 其他需要说明的内容。

1）必要时应提出的试验要求，如风洞试验、振动台试验、节点试验等。

2）进一步的地质勘察要求、试桩要求等。

3）尚需建设单位进一步明确的要求。

4）对需要进行抗震设防专项审查和其他专项论证的项目应明确说明。

5）提请在设计审批时需解决或确定的主要问题。

10 当项目按绿色建筑要求建设时，应有绿色建筑设计说明。

1）绿色建筑设计目标。

2）按设计星级所有控制项、评分项及加分项的要求，阐述采用的各项措施。

11 当项目按装配式建筑要求建设时，应增加以下内容。

1）装配式建筑结构设计目标及结构技术总述。

2）预制构件分布情况说明；预制构件技术相关说明，包括预制构件混凝土强度等级、钢筋种类、钢筋保护层等；结构典型连接方式（包括结构受力构件和非受力构件等连接）；施工、吊装、临时支撑等特殊要求及其他需要说明的内容等。

3）对预制构件脱模、翻转等要求。

3.5.3 设计图纸。

1 基础平面图及主要基础构件的截面尺寸。

2 主要楼层结构平面布置图，注明主要的定位尺寸、主要构件的截面尺寸；结构平面图不能表示清楚的结构或构件，可采用立面图、剖面图、轴测图等方法表示。

3 结构主要或关键性节点、支座示意图。

4 伸缩缝、沉降缝、防震缝、施工后浇带的位置和宽度应在相应平面图中表示。

3.5.4 建筑结构工程超限设计可行性论证报告。

1 工程概况、设计依据、建筑分类等级、主要荷载（作用）取值、结构选型、布置和材料。

2 结构超限类型和程度判别。

3 抗震性能目标：明确抗震性能等级，确定关键构件、普通构件和耗能构件，提出各类构件对应的性能水准；确定结构在多遇地震（小震）、设防烈度地震（中震）和罕遇地震（大震）下的层间位移限值；应列表表示各类构件在小震、中震和大震下的具体性能水准。

4 有性能设计时，明确结构限值指标：对与有关规范限值不一致的取值应加以说明。

5 结构计算文件：应包括结构分析程序名称、版本号、编制单位；结构分析所采用的计算模型（包括楼板假定）、整体计算嵌固部位、结构分析输入的主要参数等；应有对应结构限值指标的各种计算结果，计算结果宜以曲线或表格形式表达。

6 静力弹性分析：应给出两种不同软件的扭转耦联振型分解反应谱法的主要控制性结果；采用等效弹性法进行中、大震结构分析时，应明确对应的等效阻尼比、特征周期、连梁刚度折减系数、分项系数、内力调整系数等。

7 弹性时程分析：给出输入的双向或三向地震波时程记录、峰值加速度、天然波站台名称，并应将地震波转换成反应谱与规范反应谱进行比较；计算结果应整理成曲线，并应将弹性时程分析结果与扭转耦联振型分解反应谱法结果进行对比分析，并按规范规定确认其合理性和有效性。

8 静力弹塑性分析：应说明分析方法、加载模式、塑性铰定义，给出能力谱和需求谱及性能点，给出中、大震下的等效阻尼比、层间位移角曲线、层剪力曲线、各类构件的出铰位置、状态及出铰顺序并加以分析。

9 弹塑性时程分析：说明分析方法、本构关系、层间位移角曲线、层剪力曲线、各类构件的损伤位置及状态及损伤顺序并加以分析。应将弹塑性时程分析与对应的弹性时程分析结果进行对比，找出薄弱层及薄弱部位。

10 楼板应力分析：对楼板不连续或竖向构件不连续等特殊情况，给出大震下的楼板应力分析结果，验算楼板受剪承载力。

11 关键节点、特殊构件及特殊作用工况下的计算分析。

12 大跨空间结构的稳定分析，必要时进行大震下考虑几何和材料双非线性的弹塑性分析。

13 超长结构必要时，应按有关规范的要求，给出考虑行波效应的多点多维地震波输入的分析比较。

14 必要时，给出高层和大跨空间结构连续倒塌分析、徐变分析和施工模拟分析。

15 结构抗震加强措施及超限论证结论。

3.5.5 计算书。

计算书应包括荷载作用统计、结构整体计算、基础计算等必要的内容，计算书经校审后保存。

3.6 建筑电气

3.6.1 在初步设计阶段建筑电气专业设计文件应包括设计说明书、设计图纸、主要电气设备表、计算书。

3.6.2 设计说明书。

1 设计依据。

1）工程概况：应说明建筑的建设地点、自然环境、建筑类别、性质、面积、层数、高度、结构类型等。

2）建设单位提供的有关部门（如：供电部门、消防部门、通信部门、公安部门等）认定的工程设计资料，建设单位设计任务书及设计要求。

3）相关专业提供给本专业的工程设计资料。

4）设计所执行的主要法规和所采用的主要标准（包括标准的名称、编号、年号和版本号）。

2 设计范围。

1）根据设计任务书和有关设计资料说明本专业的设计内容，以及与二次装修电气设计、照明专项设计、智能化专项设计等相关专项设计，以及其他工艺设计的分工与分工界面。

2）拟设置的建筑电气系统。

3 变、配、发电系统。

1）确定负荷等级和各级别负荷容量。

2）确定供电电源及电压等级，要求电源容量及回路数、专用线或非专用线、线路路由及敷设方式、近远期发展情况。

3）备用电源和应急电源容量确定原则及性能要求，有自备发电机时，说明启动、停机方式及与城市电网关系。

4）高、低压配电系统接线型式及运行方式：正常工作电源与备用电源之间的关系；母线联络开关运行和切换方式；变压器之间低压侧联络方式；重要负荷的供电方式。

5）变、配、发电站的位置、数量及型式，设备技术条件和选型要求。

6）容量：包括设备安装容量，计算有功、无功、视在容量，变压器、发电机的台数、容量、负载率。

7）继电保护装置的设置。

8）操作电源和信号：说明高、低压设备的操作电源，以及运行信号装置配置情况。

9）电能计量装置：采用高压或低压；专用柜或非专用柜（满足供电部门要求和建设单位内部核算要求）；监测仪表的配置情况。

10）功率因数补偿方式：说明功率因数是否达到供用电规则的要求，应补偿容量和采取的补偿方式和补偿后的结果。

11）谐波：说明谐波状况及治理措施。

4 配电系统。

1）供电方式。

2）供配电线路导体选择及敷设方式：高、低压进出线路的型号及敷设方式；选用导线、电缆、母干线的材质和类别。

　　3）开关、插座、配电箱、控制箱等配电设备选型及安装方式。

　　4）电动机启动及控制方式的选择。

　　5　照明系统。

　　1）照明种类及主要场所照度标准、照明功率密度值等指标。

　　2）光源、灯具及附件的选择、照明灯具的安装及控制方式；若设置应急照明，应说明应急照明的照度值、电源型式、灯具配置、控制方式、持续时间等。

　　3）室外照明的种类（如路灯、庭园灯、草坪灯、地灯、泛光照明、水下照明等）、电压等级、光源选择及其控制方法等。

　　4）对有二次装修照明和照明专项设计的场所，应说明照明配电箱设计原则、容量及供电要求。

　　6　电气节能及环保措施。

　　1）拟采用的电气节能和环保措施。

　　2）表述电气节能、环保产品的选用情况。

　　7　绿色建筑电气设计。

　　1）绿色建筑电气设计概况。

　　2）建筑电气节能与能源利用设计内容。

　　3）建筑电气室内环境质量设计内容。

　　4）建筑电气运营管理设计内容。

　　8　装配式建筑电气设计。

　　1）装配式建筑电气设计概况。

　　2）建筑电气设备、管线及附件等在预制构件中的敷设方式及处理原则。

　　3）电气专业在预制构件中预留空洞、沟槽、预埋管线等布置的设计原则。

　　9　防雷。

　　1）确定建筑物防雷类别、建筑物电子信息系统雷电防护等级。

　　2）防直接雷击、防侧击、防雷击电磁脉冲等的措施。

　　3）当利用建筑物、构筑物混凝土内钢筋作接闪器、引下线、接地装置时，应说明采取的措施和要求。当采用装配式时应说明引下线的设置方式及确保有效接地所采用的措施。

　　10　接地及安全措施。

　　1）各系统要求接地的种类及接地电阻要求。

　　2）等电位设置要求。

　　3）接地装置要求，当接地装置需作特殊处理时应说明采取的措施、方法等。

　　4）安全接地及特殊接地的措施。

　　11　电气消防。

　　1）电气火灾监控系统。

　　①按建筑性质确定保护设置的方式、要求和系统组成。

② 确定监控点设置、设备参数配置要求。

③ 传输、控制线缆选择及敷设要求。

2）消防设备电源监控系统。

① 确定监控点设置、设备参数配置要求。

② 传输、控制线缆选择及敷设要求。

3）防火门监控系统

①确定监控点设置、设备参数配置要求。

②传输、控制线缆选择及敷设要求。

4）火灾自动报警系统。

① 按建筑性质确定系统形式及系统组成。

② 确定消防控制室的位置。

③ 火灾探测器、报警控制器、手动报警按钮、控制台（柜）等设备的设置原则。

④ 火灾报警与消防联动控制要求、控制逻辑关系及控制显示要求。

⑤ 火灾警报装置及消防通信设置要求。

⑥ 消防主电源、备用电源供给方式，接地及接地电阻要求。

⑦ 传输、控制线缆选择及敷设要求。

⑧ 当有智能化系统集成要求时，应说明火灾自动报警系统与其他子系统的接口方式及联动关系。

⑨ 应急照明的联动控制方式等。

5）消防应急广播。

① 消防应急广播系统声学等级及指标要求。

② 确定广播分区原则和扬声器设置原则。

③ 确定系统音源类型、系统结构及传输方式。

④ 确定消防应急广播联动方式。

⑤ 确定系统主电源、备用电源供给方式。

12 智能化设计。

1）智能化设计概况。

2）智能化各系统的系统形式及其系统组成。

3）智能化各系统的主机房、控制室位置。

4）智能化各系统的布线方案。

5）智能化各系统的点位配置标准。

6）智能化各系统的供电、防雷及接地等要求。

7）智能化各系统与其他专业设计的分工界面、接口条件。

13 机房工程。

1）确定智能化机房的位置、面积及通信接入要求。

2）当智能化机房有特殊荷载设备时，确定智能化机房的结构荷载要求。

3）确定智能化机房的空调形式及机房环境要求。

4）确定智能化机房的给水、排水及消防要求。

5）确定智能化机房用电容量要求。

6）确定智能化机房装修、电磁屏蔽、防雷接地等要求。

14 需提请在设计审批时解决或确定的主要问题。

3.6.3 设计图纸。

1 电气总平面图（仅有单体设计时，可无此项内容）。

1）标示建筑物、构筑物名称、容量、高低压线路及其他系统线路走向、回路编号、导线及电缆型号规格及敷设方式、架空线杆位、路灯、庭园灯的杆位（路灯、庭园灯可不绘线路）。

2）变、配、发电站位置、编号、容量。

3）比例、指北针。

2 变、配电系统。

1）高、低压配电系统图：注明开关柜编号、型号及回路编号、一次回路设备型号、设备容量、计算电流、补偿容量、整定值、导体型号规格、用户名称。

2）平面布置图：应包括高、低压开关柜、变压器、母干线、发电机、控制屏、直流电源及信号屏等设备平面布置和主要尺寸，图纸应有比例。

3）标示房间层高、地沟位置、标高（相对标高）。

3 配电系统。

1）主要干线平面布置图：应绘制主要干线所在楼层的干线路由平面图。

2）配电干线系统图：以建筑物、构筑物为单位，自电源点开始至终端主配电箱止，按设备所处相应楼层绘制，应包括变、配电站变压器编号和容量、发电机编号和容量、终端主配电箱编号和容量。

4 防雷系统、接地系统。

一般不出图纸，特殊工程只出顶视平面图、接地平面图。

5 电气消防。

1）电气火灾监控系统图。

2）消防设备电源监控系统图。

3）防火门监控系统图。

4）火灾自动报警系统：

① 火灾自动报警及消防联动控制系统图。

② 消防控制室设备布置平面图。

5）消防应急广播

6 智能化系统。

1）智能化各系统的系统图。

2）智能化各系统及其子系统主要干线所在楼层的干线路由平面图。

3）智能化各系统及其子系统主机房布置平面示意图。

3.6.4 主要电气设备表。

注明主要电气设备的名称、型号、规格、单位、数量。

3.6.5 计算书。

1 用电设备负荷计算。

2 变压器、柴油发电机选型计算。

3 典型回路电压损失计算。

4 系统短路电流计算。

5 防雷类别的选取或计算。

6 典型场所照度值和照明功率密度值计算。

7 各系统计算结果尚应标示在设计说明或相应图纸中。

8 因条件不具备不能进行计算的内容，应在初步设计中说明，并应在施工图设计时补算。

3.7 给水排水

3.7.1 初步设计阶段，建筑工程给水排水专业设计文件应包括设计说明书、设计图纸、设备及主要材料表、计算书。

3.7.2 设计说明书。

1 设计依据。

1）摘录设计总说明所列批准文件和依据性资料中与本专业设计有关内容。

2）本专业设计所执行的主要法规和所采用的主要规范、标准（包括标准的名称、编号、年号和版本号）。

3）设计依据的市政条件。

4）建设单位提供有关资料和设计任务书。

5）建筑和有关专业提供的条件图和有关资料。

2 工程概况：项目位置，工业建筑的火灾危险性、民用建筑的建筑分类和耐火等级，建筑功能组成、建筑面积及体积、建筑层数、建筑高度以及能反映建筑规模的主要技术指标（如旅馆的床位数，剧院、体育馆等的座位数，医院的门诊人次和住院部的床位数等）。

3 设计范围。

根据设计任务书和有关设计资料，说明用地红线（或建筑红线）内本专业的设计内容，以及与需要专项（二次）设计的如二次装修、环保、消防及其他工艺设计的分工界面和相关联的设计内容。当采用装配式时明确给排水专业的管道、管件及附件等在预制构件中的敷设方式及处理原则；预制构件中预留空洞、沟槽、预埋管线等布置的设计原则。

4 建筑小区（室外）给水设计。

1）水源：

由城镇或小区管网供水时，应说明供水干管方位、接管管径及根数、能提供的水压。

当建自备水源时，应按照《市政公用工程设计文件编制深度规定》要求，另行专项设计。

2）用水量：

说明或用表格列出生活用水定额及用水量、生产用水水量、其他项目用水定额及用水量（含循环冷却水系统补水量、游泳池和中水系统补水量、洗衣房、锅炉房、水景用水、道路浇洒、汽车库和停车场地面冲洗、绿化浇洒和未预见用水量及管网漏失水量等）、消防用水量标准及一次灭火用水量、总用水量（最高日用水量、平均时用水量、最大时用水量）。

3）给水系统：

说明给水系统的划分及组合情况、分质、分区（分压）供水的情况及设备控制方法；当水量、水压不足时采取的措施，并说明调节设施的容量、材质、位置及加压设备选型；如系改建、扩建工程，还应简介现有给水系统。

4）消防系统：说明各类形式消防设施的设计依据、设置范围、设计参数、供水方式、设备参数及运行要求等。

5）中水系统：说明中水系统设计依据，中水用途、水质要求、设计参数。

当市政提供中水时，应说明供水干管方位、接管管径及根数、能提供的水压；当自建中水站时，应说明规模、工艺流程及处理设施、设备选型，并绘制水量平衡图（表）。

6）循环冷却水系统：

说明根据用水设备对水量和计量、水质、水温、水压的要求，以及当地的有关的气象参数（如室外空气干、湿球温度和大气压力等）来选择采取循环冷却水系统的组成、冷却构筑物和循环水泵的参数、稳定水质措施及设备控制方法等。

7）当采用其他循环用水系统时，应概述系统流程、净化工艺，复杂的系统应绘制水量平衡图。

8）各系统选用的管材、接口及敷设方式。

5 建筑小区（室外）排水设计。

1）现有排水条件简介：

当排入城市管渠或其他外部明沟时应说明管渠横断面尺寸大小、坡度、排入点的标高、位置或检查井编号。

当排入水体（江、河、湖、海等）时，还应说明对排放的要求，水体水文情况（流量、水位）。

2）说明设计采用的排水制度、排水出路；如需要提升，则说明提升位置、规模、提升设备选型及设计数据、构筑物形式、占地面积、事故排放的措施等。

3）说明或用表格列出生产、生活排水系统的排水量。

当污水需要处理时，应按照《市政公用工程设计文件编制深度规定》要求，另行专项设计。

4）说明雨水系统设计采用的暴雨强度公式（或暴雨强度）、重现期、雨水排水量、雨水系统简介、雨水出路等。

5）雨水控制与利用系统：说明控制指标及规模；雨水用途、水质要求、设计重现期、年降雨量、年可回用雨水量、年用雨水量、系统选型、处理工艺及构筑物概况、加压设备及给水系统等。

6）各系统选用的管材、接口及敷设方式。

6　建筑室内给水设计。

1）水源：由市政或小区管网供水时，应说明供水干管的方位、引入管（接管）管径及根数、能提供的水压。

2）说明或用表格列出各种用水量定额、用水单位数、使用时数、小时变化系数、最高日用水量、平均时用水量、最大时用水量。

注：此内容在第3.7.2条第4款第2）项中表示清楚时，则可不表示。

3）给水系统：说明给水系统的选择和给水方式，分质、分区（分压）供水要求和采取的措施，计量方式，设备控制方法，水箱和水池的容量、设置位置、材质，设备选型、防水质污染、保温、防结露和防腐蚀等措施。

4）消防系统：遵照各类防火设计规范的有关规定要求，分别对各类消防系统（如消火栓、自动喷水、水幕、雨淋喷水、水喷雾、细水雾、泡沫、消防炮、气体灭火等）的设计原则和依据，计算标准、设计参数、系统组成、控制方式；消防水池和水箱的容量、设置位置；建筑灭火器的配置；其他灭火系统如气体灭火系统的设置范围、灭火剂选择、设计储量以及主要设备选择等予以叙述。

5）热水系统：说明采取的热源、加热方式、水温、水质、热水供应方式、系统选择及设计耗热量、最大小时热水量、机组供热量等；说明设备选型、保温、防腐的技术措施等；当利用余热或太阳能时，尚应说明采用的依据、供应能力、系统形式、运行条件及技术措施等。

6）循环冷却水系统、重复用水系统、饮水供应等系统的设计参数及系统简介。当对水质、水压、水温等有特殊要求时，应说明采用的特殊技术措施，并列出设计数据及工艺流程、设备选型等。

7）各系统选用的管材、接口及敷设方式。

7　建筑室内排水设计。

1）排水系统：说明排水系统选择、生活和生产污（废）水排水量、室外排放条件；有毒有害污水的局部处理工艺流程及设计数据。

2）屋面雨水的排水系统选择及室外排放条件，采用的降雨强度、重现期和设计雨水量等。

3）各系统选用的管材、接口及敷设方式。

8　中水系统：同第3.7.2条第4款第5）项。

9　节水、节能减排措施：说明高效节水、节能减排器具和设备及系统设计中采用的技术措施等。

10 对有隔振及防噪声要求的建筑物、构筑物，说明给排水设施所采取的技术措施。

11 对特殊地区（地震、湿陷性或胀缩性土、冻土地区、软弱地基）的给水排水设施，说明所采取的相应技术措施。

12 对分期建设的项目，应说明前期、近期和远期结合的设计原则和依据性资料。

13 绿色建筑设计：

当项目按绿色建筑要求建设时，说明绿色建筑设计目标、采用的主要绿色建筑技术和措施。

14 装配式建筑设计：

当项目按装配式建筑要求建设时，说明装配式建筑给排水设计目标，采用的主要装配式建筑技术和措施。（如卫生间排水形式，采用装配式时管材材质及接口方式，预留孔洞、沟槽做法要求，预埋套管、管道安装方式和原则等。）

15 各专篇（项）中给排水专业应阐述的问题；给排水专业需专项（二次）设计的系统及设计要求。

16 存在的问题：需提请在设计审批时解决或确定的主要问题。

17 施工图设计阶段需要提供的技术资料等。

3.7.3 设计图纸（对于简单工程项目初步设计阶段可不出图）。

1 建筑小区（室外）应绘制给水排水总平面图。

1）自建水源的取水构筑物平面布置图、水处理厂（站）总平面布置及工艺流程断面图，应按照《市政公用工程设计文件编制深度规定》要求，另行专项设计。

2）全部建筑物和构筑物的平面位置、道路等，并标出主要定位尺寸或坐标、标高，指北针（或风玫瑰图）、比例等。

3）给水、排水管道平面位置，标注出干管的管径、排水方向；绘出阀门井、消火栓井、水表井、检查井、化粪池等和其他给排水构筑物位置。

4）室外给水、排水管道与城市管道系统连接点的位置和控制标高。

5）消防系统、中水系统、循环冷却水系统、重复用水系统、雨水控制与利用系统等管道的平面位置，标注出干管的管径。

6）中水系统、雨水控制与利用系统构筑物位置、系统管道与构筑物连接点处的控制标高。

2 建筑室内给水排水平面图和系统原理图。

1）绘制给水排水首层（管道进出户层并绘制引入管和排出管）、地下室复杂的机房层、主要标准层、管道或设备复杂层的平面布置图。

2）绘制复杂设备机房的设备平面布置图。

3）应绘制给水系统、生活排水系统、雨水系统、各类消防系统、循环冷却水系统、热水系统、中水系统等系统原理图，标注主干管管径、水池（箱）底标高、建筑楼层编号及层面标高。

4）应绘制水处理流程图（或方框图）。

3.7.4 设备及主要材料表。

列出设备及主要材料及器材的名称、性能参数、计数单位、数量、备注。

3.7.5 计算书。

1 各类生活、生产、消防等系统用水量和生活、生产排水量，园区、屋面雨水排水量，生活热水的设计小时耗热量等计算。

2 中水水量平衡计算。

3 有关的水力计算及热力计算。

4 主要设备选型和构筑物尺寸计算。

3.8 供暖通风与空气调节

3.8.1 在初步设计阶段，供暖通风与空气调节设计文件应有设计说明书，除小型、简单工程外，初步设计文件还应包括设计图纸、设备表及计算书。

3.8.2 设计说明。

1 设计依据。

1）摘述设计任务书和其他依据性资料中与供暖通风与空气调节专业有关的主要内容。

2）与本专业有关的批准文件和建设单位提出的符合有关法规、标准的要求。

3）本专业设计所执行的主要法规和所采用的主要标准（包括标准的名称、编号、年号和版本号）。

4）其他专业提供的设计资料等。

2 简述工程建设地点、建筑面积、规模、建筑防火类别、使用功能、层数、建筑高度等。

3 设计范围。

根据设计任务书和有关设计资料，说明本专业设计的内容、范围以及与有关专业的设计分工。

4 设计计算参数。

1）室外空气计算参数。

2）室内设计参数（见表3.8.2）。

表3.8.2 室内设计参数

房间名称	夏季		冬季		风速 (m/s)	新风量标准 (m³/h·人)	噪声标准 [dB（A）]
	温度（℃）	相对湿度（%）	温度（℃）	相对湿度（%）			

注：温度、相对湿度采用基准值，如有设计精度要求时，按±℃、±%表示幅度。

5 供暖。

1）供暖热负荷。

2）叙述热源状况、热媒参数、热源系统工作压力、室外管线及系统补水定压方式。

3）供暖系统形式及管道敷设方式。

4）供暖热计量及室温控制，系统平衡、调节手段。

5）供暖设备、散热器类型、管道材料及保温材料的选择。

6 空调。

1）空调冷、热负荷。

2）空调系统冷源及冷媒选择，冷水、冷却水参数。

3）空调系统热源供给方式及参数。

4）各空调区域的空调方式、空调风系统简述、必要的气流组织说明。

5）空调水系统设备配置形式和水系统制式，系统平衡、调节手段。

6）洁净空调注明净化级别。

7）监测与控制简述。

8）管道、风道材料及保温材料的选择。

7 通风。

1）设置通风的区域及通风系统形式。

2）通风量或换气次数。

3）通风系统设备选择和风量平衡。

8 防排烟。

1）简述设置防排烟的区域及其方式。

2）防排烟系统风量确定。

3）防排烟系统及其设施配置。

4）控制方式简述。

5）暖通空调系统的防火措施。

9 空调通风系统的防火、防爆措施。

10 节能设计。

节能设计采用的各项措施、技术指标，包括有关节能设计标准中涉及的强制性条文的要求。

11 绿色建筑设计。

当项目按绿色建筑要求建设时，说明绿色建筑设计目标、采用的主要绿色建筑技术和措施。

12 装配式建筑设计。

当项目按装配式建筑要求建设时，说明装配式建筑设计目标、采用的主要装配式建筑技术和措施。（如采用装配式时管材材质及接口方式，预留孔洞、沟槽做法要求，预埋套管、管道安装方式和原则等。）

13 废气排放处理和降噪、减振等环保措施。

14 需提请在设计审批时解决或确定的主要问题。

3.8.3 设备表。

列出主要设备的名称、性能参数、数量等（见表 3.8.3）。

表 3.8.3 设备表

设备编号	名称	性能参数	单位	数量	安装位置	服务区域	备注

注：1. 性能参数栏应注明主要技术数据，并注明锅炉的额定热效率、冷热源机组能效比或性能系数、多联式空调（热泵）机组制冷综合性能系数、风机效率、水泵在设计工作点的效率、热回收设备的热回收效率及主要设备噪声值等。

2. 安装位置栏注明主要设备的安装位置，设备数量较少的工程可不设此栏。

3.8.4 设计图纸。

1 供暖通风与空气调节初步设计图纸一般包括图例、系统流程图、主要平面图。各种风道可绘单线图。

2 系统流程图包括冷热源系统、供暖系统、空调水系统、通风及空调风路系统、防排烟等系统的流程。应表示系统服务区域名称、设备和主要管道和风道所在区域和楼层，标注设备编号、主要风道尺寸和水管干管管径，表示系统主要附件、建筑楼层编号及标高。

注：当通风及空调风路系统、防排烟等系统跨越楼层不多，系统简单，且在平面图中可较完整地表示系统时，可只绘制平面图，不绘制系统流程图。简单的供暖系统可不绘制流程图。

3 供暖平面图。

绘出散热器位置、供暖干管的入口及系统编号。

4 通风、空调、防排烟平面图。

1）绘出设备位置、管道和风道走向、风口位置，大型复杂工程还应注出主要干管控制标高和管径，管道交叉复杂处需绘制局部剖面。

2）多联式空调系统应绘制平面图，表示出冷媒管和冷凝水管走向。

5 冷热源机房平面图。

绘出主要设备位置、管道走向，标注设备编号等。

3.8.5 计算书。

对于供暖通风与空调工程的热负荷、冷负荷、通风和空调系统风量、空调冷热水量、冷却水量及主要设备的选择，应作初步计算。

3.9 热能动力

3.9.1 初步设计应有设计说明书，除小型、简单工程外，初步设计还应包括设计图纸、主要设备表、计算书。

3.9.2 设计说明书。

1 设计依据。

1）本专业设计所执行的主要法规和所采用的主要标准（包括标准的名称、编号及年号和版本号）。

2）与本专业设计有关的批准文件和依据性资料（水质分析、地质情况、地下水位、冻土深度、燃料种类等）。

3）其他专业提供的设计资料（如总平面布置图、供热分区、热负荷及介质参数、发展要求等）。

2 设计范围。

1）根据设计任务书和有关设计资料，说明本专业承担的设计范围和分工（当有其他单位共同设计时）。

2）对今后发展或扩建的预留。

3）改建、扩建工程，应说明对原有建筑、结构、设备等的利用情况。

3 锅炉房。

1）热负荷的确定及锅炉形式的选择：确定计算热负荷，列出各热用户的热负荷表；确定供热介质及参数；确定锅炉形式、规格、台数，并说明备用情况及冬夏季运行台数。

2）热力系统：应说明热力系统，包括热水循环系统、蒸汽及凝结水系统、水处理系统、给水系统、定压补水方式、排污系统、供热调节方式、各种水泵的台数及备用情况等。

3）燃料系统：说明燃料种类、燃料低位发热量、燃料来源，说明烟气排放；当燃料为煤时，说明煤的种类、煤的储存场地及储存时间，确定煤的处理设备、计量设备及输送设备，确定烟囱的高度、出口直径、材质及位置，鼓、引风设备的选择，确定烟气的除尘、脱硫设备，确定除渣设备；当燃料为油时，说明油的种类，简介燃油系统，说明油罐位置、大小、数量、油的储存时间和运输方式；当燃料为燃气时，说明燃气种类、燃气压力、燃气计量要求，确定调压站位置。

4）技术指标：列出建筑面积、供热量、供汽量、燃料消耗量、灰渣排放量、软化水消耗量、自来水消耗量及电容量等。

4 其他动力站房。

1）热交换站：说明加热、被加热介质及其参数，确定供热负荷，简述热水循环系统，确定热水循环系统的耗电输热比，简述蒸汽及凝结水系统、水处理系统、定压补水方式等，确定换热器及其他配套辅助设备。

2）柴油发电机房：确定柴油发电机容量，说明燃气系统、油耗及储油量，说明进风、排风、排烟方式。

3）燃气调压站：确定调压站位置，确定燃气用气量，简述调压站流程，确定调压器前后参数，选择调压器。

4）气体站房：说明各种气体的用途、用量和参数，简述供气系统，选择主要设备。

5）气体瓶组站：确定气体用途、用量，简述调压和供气方式，简述瓶组站流程，确定调压器前后参数，确定瓶组容量及数量。

5 室内管道：确定各种介质负荷及其参数，说明管道及附件的选择，说明管道敷设方式，选择管道的保温及保护材料。

6 室外管网：确定各种介质负荷及其参数，说明管道走向及敷设方式，选择管材及附件，说明防腐方式，选择管道的保温及保护材料。

7 节能、环保、消防、安全措施等。

8 绿色建筑设计：当项目设计为绿色建筑时，说明绿色建筑设计目标、采用的主要绿色建筑技术和措施。

9 需提请设计审批时解决或确定的主要问题。

3.9.3 设计图纸。

1 热力系统图：表示出热水循环系统、蒸汽及凝结水系统、水处理系统、给水系统、定压补水方式、排污系统等内容；标明图例符号、主要管径、介质流向及设备编号（应与设备表中编号一致）；标明就地安装测量仪表位置等。

2 锅炉房平面图：绘制锅炉房、辅助间及烟囱等的平面图，注明建筑轴线编号、尺寸、标高和房间名称；并布置主要设备，注明定位尺寸及设备编号（应与设备表中编号一致）。对较大型锅炉房，根据情况绘制表示锅炉房及相关构筑物的尺寸及相对位置的区域布置图。

3 其他动力站房：其他动力站房绘制平面布置图及系统原理图。

4 室内外动力管道：室外动力管道根据需要绘制平面走向图。

3.9.4 主要设备表。

列出主要设备名称、性能参数、单位和数量等，对锅炉设备应注明锅炉效率。

3.9.5 计算书。

对于负荷、水电和燃料消耗量、主要管道管径、主要设备选择等，应作初步计算。

3.10 概　　算

3.10.1 建设项目设计概算是初步设计文件的重要组成部分。概算文件应单独成册。设计概算文件由封面、签署页（扉页）、目录、编制说明、建设项目总概算表、工程建设其他费用表、单项工程综合概算表、单位工程概算书等内容组成。

3.10.2 封面、签署页（扉页）、目录，参照第3.1.2条。

3.10.3 概算编制说明。

1 工程概括：简述建设项目的建设地点、设计规模、建设性质（新建、扩建或改建）和项目主要特征等。

2 编制依据：

1）设计说明书及设计图纸。

2）批准的可行性研究报告。

3）国家和地方政府有关工程建设和造价管理的法律、法规和方针政策。

4）当地和主管部门颁布的概算定额、指标（或预算定额、综合预算定额）、单位估价表、类似工程造价指标、工程费用定额和相关费用规定的文件等。

5）当地现行的建设工程价格信息。

6）建设单位提供的有关概算的其他资料。

7）工程建设其他费用计费依据。

8）有关文件、合同、协议等。

9）建设场地的自然条件和施工条件。

3 概算编制范围。

4 资金来源。

5 其他特殊问题的说明。

6 概算成果说明

1）说明概算的总金额、工程费用、工程建设其他费用、预备费及列入项目概算总投资中的相关费用。

2）技术经济指标。

3）主要材料消耗指标。

3.10.4 建设项目总概算表。

建设项目总概算表由工程费用、工程建设其他费用、预备费及应列入项目概算总投资中的相关费用组成。

第一部分：工程费用。按各单项工程综合概算汇总组成。

第二部分：工程建设其他费用。包括建设用地费、建设管理费、场地准备费及临时设施费、勘察设计费、工程监理费、招标代理服务费、市政公用设施费、研究试验费、前期工作咨询费、环境影响评价费、工程保险费、劳动安全卫生评价费、特殊设备安全监督检验费、专利及专有技术使用费、生产准备及开办费、联合试运转费等。

第三部分：预备费。包括基本预备费和价差预备费。

第四部分：应列入项目概算总投资中的相关费用。包括建设期利息、铺底流动资金、固定资产投资方向调节税等。

3.10.5 工程建设其他费用表

列明费用项目名称、费用计算基数、费率、金额及所依据的国家和地方政府有关文件、文号。

3.10.6 单项工程综合概算表

单项工程综合概算表按每一个单项工程内各单位工程概算汇总组成。

单项工程综合概算表中要表明技术经济指标，经济指标包括计量指标单位、数量、单位造价。

3.10.7 单位工程概算书

单位工程概算书由建筑（土建）工程、装饰工程、机电设备及安装工程、室外总体工程等专业的工程概算书组成。

建筑工程概算书根据第 3.10.3 条的编制依据，由分部分项工程内容组成，并按规定计价。

装饰工程概算书根据第 3.10.3 条的编制依据，由分部分项工程内容组成，并按规定计价。

机电设备及安装工程由建筑电气、给水排水、采暖通风与空气调节、热能动力、弱电等专业组成。各专业概算书根据第 3.10.3 条的编制依据，由分部分项工程内容组成，并按规定计价。

室外总体工程由场地土石方工程、道路工程、广场工程、围墙、大门、室外管线、园林绿化等项组成。各专业概算书应根据第 3.10.3 条的规定计价。

初步设计阶段，单位工程概算一般应考虑零星工程费。以上项目需包含装配式建筑相关的设计、生产、运输、施工安装等费用。

4 施工图设计

4.1 一般要求

4.1.1 施工图设计文件。

1 合同要求所涉及的所有专业的设计图纸（含图纸目录、说明和必要的设备、材料表，见第4.2节至第4.8节）以及图纸总封面；对于涉及建筑节能设计的专业，其设计说明应有建筑节能设计的专项内容；涉及装配式建筑设计的专业，其设计说明及图纸应有装配式建筑专项设计内容。

2 合同要求的工程预算书。

注：对于方案设计后直接进入施工图设计的项目，若合同未要求编制工程预算书，施工图设计文件应包括工程概算书（见第3.10节）。

3 各专业计算书。计算书不属于必须交付的设计文件，但应按本规定相关条款的要求编制并归档保存。

4.1.2 总封面标识内容。

1 项目名称。

2 设计单位名称。

3 项目的设计编号。

4 设计阶段。

5 编制单位法定代表人、技术总负责人和项目总负责人的姓名及其签字或授权盖章。

6 设计日期（即设计文件交付日期）。

4.2 总 平 面

4.2.1 在施工图设计阶段，总平面专业设计文件应包括图纸目录、设计说明、设计图纸、计算书。

4.2.2 图纸目录。

应先列绘制的图纸，后列选用的标准图和重复利用图。

4.2.3 设计说明。

一般工程分别写在有关的图纸上，复杂工程也可单独。如重复利用某工程的施工图图纸及其说明时，应详细注明其编制单位、工程名称、设计编号和编制日期；列出主要技术经济指标表（见表3.3.2，该表也可列在总平面图上），说明地形图、初步设计批复文件等设计依据、基础资料，当无初步设计时说明参见第3.3.2条第1款。

4.2.4 总平面图。

1 保留的地形和地物。

2 测量坐标网、坐标值。

3 场地范围的测量坐标（或定位尺寸），道路红线、建筑控制线、用地红线等的位置。

4 场地四邻原有及规划的道路、绿化带等的位置（主要坐标或定位尺寸），周边场地用地性质以及主要建筑物、构筑物、地下建筑物等的位置、名称、性质、层数。

5 建筑物、构筑物（人防工程、地下车库、油库、贮水池等隐蔽工程以虚线表示）的名称或编号、层数、定位（坐标或相互关系尺寸）。

6 广场、停车场、运动场地、道路、围墙、无障碍设施、排水沟、挡土墙、护坡等的定位（坐标或相互关系尺寸）。如有消防车道和扑救场地，需注明。

7 指北针或风玫瑰图。

8 建筑物、构筑物使用编号时，应列出"建筑物和构筑物名称编号表"。

9 注明尺寸单位、比例、建筑正负零的绝对标高、坐标及高程系统（如为场地建筑坐标网时，应注明与测量坐标网的相互关系）、补充图例等。

4.2.5 竖向布置图。

1 场地测量坐标网、坐标值。

2 场地四邻的道路、水面、地面的关键性标高。

3 建筑物、构筑物名称或编号、室内外地面设计标高、地下建筑的顶板面标高及覆土高度限制。

4 广场、停车场、运动场地的设计标高，以及景观设计中，水景、地形、台地、院落的控制性标高。

5 道路、坡道、排水沟的起点、变坡点、转折点和终点的设计标高（路面中心和排水沟顶及沟底）、纵坡度、纵坡距、关键性坐标，道路表明双面坡或单面坡、立道牙或平道牙，必要时标明道路平曲线及竖曲线要素。

6 挡土墙、护坡或土坎顶部和底部的主要设计标高及护坡坡度。

7 用坡向箭头或等高线表示地面设计坡向，当对场地平整要求严格或地形起伏较大时，宜用设计等高线表示，地形复杂时应增加剖面表示设计地形。

8 指北针或风玫瑰图。

9 注明尺寸单位、比例、补充图例等。

10 注明尺寸单位、比例、建筑正负零的绝对标高、坐标及高程系统（如为场地建筑坐标网时，应注明与测量坐标网的相互关系）、补充图例等。

4.2.6 土石方图。

1 场地范围的坐标或注尺寸。

2 建筑物、构筑物、挡墙、台地、下沉广场、水系、土丘等位置（用细虚线表示）。

3 一般用方格网法（也可采用断面法），20m×20m或40m×40m（也可采用其他方格网尺寸）方格网及其定位，各方格点的原地面标高、设计标高、填挖高度、填区和挖区的分界线，各方格土石方量、总土石方量。

4 土石方工程平衡表（见表4.2.7）。

表 4.2.7 土石方工程平衡表

序号	项目	土石方量（m³）		说明
		填方	挖方	
1	场地平整			
2	室内地坪填土和地下建筑物、构筑物挖土、房屋及构筑物基础			
3	道路、管线地沟、排水沟			包括路堤填土、路堑和路槽挖土
4	土方损益			指土壤经过挖填后的损益数
5	合计			

注：表列项目随工程内容增减。

4.2.7 管道综合图。

1 总平面布置。

2 场地范围的坐标（或注尺寸）、道路红线、建筑控制线、用地红线等的位置。

3 保留、新建的各管线（管沟）、检查井、化粪池、储罐等的平面位置，注明各管线、化粪池、储罐等与建筑物、构筑物的距离和管线间距。

4 场外管线接入点的位置。

5 管线密集的地段宜适当增加断面图，表明管线与建筑物、构筑物、绿化之间及管线之间的距离，并注明主要交叉点上下管线的标高或间距。

6 指北针。

7 注明尺寸单位、比例、图例、施工要求。

4.2.8 绿化及建筑小品布置图。

1 总平面布置。

2 绿地（含水面）、人行步道及硬质铺地的定位。

3 建筑小品的位置（坐标或定位尺寸）、设计标高、详图索引。

4 指北针。

5 注明尺寸单位、比例、图例、施工要求等。

4.2.9 详图。

道路横断面、路面结构、挡土墙、护坡、排水沟、池壁、广场、运动场地、活动场地、停车场地面、围墙等详图。

4.2.10 设计图纸的增减。

1 当工程设计内容简单时，竖向布置图可与总平面图合并。

2 当路网复杂时，可增绘道路平面图。

3 土石方图和管线综合图可根据设计需要确定是否出图。

4 当绿化或景观环境另行委托设计时，可根据需要绘制绿化及建筑小品的示意性和控制性布置图。

4.2.11 计算书。

设计依据及基础资料、计算公式、计算过程、有关满足日照要求的分析资料及成果资料等。

4.3 建 筑

4.3.1 在施工图设计阶段，建筑专业设计文件应包括图纸目录、设计说明、设计图纸、计算书。

4.3.2 图纸目录。

先列绘制图纸，后列选用的标准图或重复利用图。

4.3.3 设计说明。

1 依据性文件名称和文号，如批文、本专业设计所执行的主要法规和所采用的主要标准（包括标准名称、编号、年号和版本号）及设计合同等。

2 项目概况。

内容一般应包括建筑名称、建设地点、建设单位、建筑面积、建筑基底面积、项目设计规模等级、设计使用年限、建筑层数和建筑高度、建筑防火分类和耐火等级、人防工程类别和防护等级、人防建筑面积、屋面防水等级、地下室防水等级、主要结构类型、抗震设防烈度等，以及能反映建筑规模的主要技术经济指标，如住宅的套型和套数（包括套型总建筑面积等）、旅馆的客房间数和床位数、医院的床位数、车库的停车泊位数等。

3 设计标高。

工程的相对标高与总图绝对标高的关系。

4 用料说明和室内外装修。

1）墙体、墙身防潮层、地下室防水、屋面、外墙面、勒脚、散水、台阶、坡道、油漆、涂料等处的材料和做法，墙体、保温等主要材料的性能要求，可用文字说明或部分文字说明，部分直接在图上引注或加注索引号，其中应包括节能材料的说明。

2）室内装修部分除用文字说明以外亦可用表格形式表达（见表4.3.3-1），在表上填写相应的做法或代号；较复杂或较高级的民用建筑应另行委托室内装修设计；凡属二次装修的部分，可不列装修做法表和进行室内施工图设计，但对原建筑设计、结构和设备设计有较大改动时，应征得原设计单位和设计人员的同意。

表 4.3.3-1 室内装修做法表

名称＼部位	楼、地面	踢脚板	墙裙	内墙面	顶棚	备注
门厅						
走廊						

注：表列项目可增减。

5 对采用新技术、新材料和新工艺的做法说明及对特殊建筑造型和必要的建筑构造的说明。

6 门窗表（见表4.3.3-2）及门窗性能（防火、隔声、防护、抗风压、保温、隔热、气密性、水密性等）、窗框材质和颜色、玻璃品种和规格、五金件等的设计要求。

表4.3.3-2　门窗表

类别	设计编号	洞口尺寸（mm）		樘数	采用标准图集及编号		备注
		宽	高		图集代号	编号	
门							
窗							

注：1. 采用非标准图集的门窗应绘制门窗立面图及开启方式。
　　2. 单独的门窗表应加注门窗的性能参数、型材类别、玻璃种类及热工性能。

7 幕墙工程（玻璃、金属、石材等）及特殊屋面工程（金属、玻璃、膜结构等）的特点，节能、抗风压、气密性、水密性、防水、防火、防护、隔声的设计要求、饰面材质、涂层等主要的技术要求，并明确与专项设计的工作及责任界面。

8 电梯（自动扶梯、自动步道）选择及性能说明（功能、额定载重量、额定速度、停站数、提升高度等）。

9 建筑设计防火设计说明，包括总体消防、建筑单体的防火分区、安全疏散、疏散人数和宽度计算、防火构造、消防救援窗设置等。

10 无障碍设计说明，包括基地总体上、建筑单体内的各种无障碍设施要求等。

11 建筑节能设计说明。

1）设计依据。

2）项目所在地的气候分区、建筑分类及围护结构的热工性能限值。

3）建筑的节能设计概况、围护结构的屋面（包括天窗）、外墙（非透光幕墙）、外窗（透光幕墙）、架空或外挑楼板、分户墙和户间楼板（居住建筑）等构造组成和节能技术措施，明确外门、外窗和建筑幕墙的气密性等级。

4）建筑体形系数计算（按不同气候分区城市的要求）、窗墙面积比（包括屋顶透光部分面积）计算和围护结构热工性能计算，确定设计值。

12 根据工程需要采取的安全防范和防盗要求及具体措施，隔声减振减噪、防污染、防射线等的要求和措施。

13 需要专业公司进行深化设计的部分，对分包单位明确设计要求，确定技术接口的深度。

14 当项目按绿色建筑要求建设时，应有绿色建筑设计说明。

1）设计依据。

2）绿色建筑设计的项目特点与定位。

3）建筑专业相关的绿色建筑技术选项内容。

4）采用绿色建筑设计选项的技术措施。

15 当项目按装配式建筑要求建设时，应有装配式建筑设计说明。

1）装配式建筑设计概况及设计依据。

2）建筑专业相关的装配式建筑技术选项内容，拟采用的技术措施，如标准化设计要点、预制部位及预制率计算等技术应用说明。

3）一体化装修设计的范围及技术内容。

4）装配式建筑特有的建筑节能设计内容。

16 其他需要说明的问题。

4.3.4 平面图。

1 承重墙、柱及其定位轴线和轴线编号，轴线总尺寸（或外包总尺寸）、轴线间尺寸（柱距、跨度）、门窗洞口尺寸、分段尺寸。

2 内外门窗位置、编号，门的开启方向，注明房间名称或编号，库房（储藏）注明储存物品的火灾危险性类别。

3 墙身厚度（包括承重墙和非承重墙），柱与壁柱截面尺寸（必要时）及其与轴线关系尺寸，当围护结构为幕墙时，标明幕墙与主体结构的定位关系及平面凹凸变化的轮廓尺寸；玻璃幕墙部分标注立面分格间距的中心尺寸。

4 变形缝位置、尺寸及做法索引。

5 主要建筑设备和固定家具的位置及相关做法索引，如卫生器具、雨水管、水池、台、橱、柜、隔断等。

6 电梯、自动扶梯、自动步道及传送带（注明规格）、楼梯（爬梯）位置，以及楼梯上下方向示意和编号索引。

7 主要结构和建筑构造部件的位置、尺寸和做法索引，如中庭、天窗、地沟、地坑、重要设备或设备基础的位置尺寸、各种平台、夹层、人孔、阳台、雨篷、台阶、坡道、散水、明沟等。

8 楼地面预留孔洞和通气管道、管线竖井、烟囱、垃圾道等位置、尺寸和做法索引，以及墙体（主要为填充墙，承重砌体墙）预留洞的位置、尺寸与标高或高度等。

9 车库的停车位、无障碍车位和通行路线。

10 特殊工艺要求的土建配合尺寸及工业建筑中的地面荷载、起重设备的起重量、行车轨距和轨顶标高等。

11 建筑中用于检修维护的天桥、栅顶、马道等的位置、尺寸、材料和做法索引。

12 室外地面标高、首层地面标高、各楼层标高、地下室各层标高。

13 首层平面标注剖切线位置、编号及指北针或风玫瑰。

14 有关平面节点详图或详图索引号。

15 每层建筑面积、防火分区面积、防火分区分隔位置及安全出口位置示意,图中标注计算疏散宽度及最远疏散点到达安全出口的距离(宜单独成图);当整层仅为一个防火分区,可不注防火分区面积,或以示意图(简图)形式在各层平面中表示。

16 住宅平面图中标注各房间使用面积、阳台面积。

17 屋面平面应有女儿墙、檐口、天沟、坡度、坡向、雨水口、屋脊(分水线)、变形缝、楼梯间、水箱间、电梯机房、天窗及挡风板、屋面上人孔、检修梯、室外消防楼梯、出屋面管道井及其他构筑物,必要的详图索引号、标高等;表述内容单一的屋面可缩小比例绘制。

18 根据工程性质及复杂程度,必要时可选择绘制局部放大平面图。

19 建筑平面较长较大时,可分区绘制,但须在各分区平面图适当位置上绘出分区组合示意图,并明显表示本分区部位编号。

20 图纸名称、比例。

21 图纸的省略:如系对称平面,对称部分的内部尺寸可省略,对称轴部位用对称符号表示,但轴线号不得省略;楼层平面除轴线间等主要尺寸及轴线编号外,与首层相同的尺寸可省略;楼层标准层可共用同一平面,但需注明层次范围及各层的标高。

22 装配式建筑应在平面中用不同图例注明预制构件(如预制夹心外墙、预制墙体、预制楼梯、叠合阳台等)位置,并标注构件截面尺寸及其与轴线关系尺寸;预制构件大样图,为了控制尺寸及一体化装修相关的预埋点位。

4.3.5 立面图。

1 两端轴线编号,立面转折较复杂时可用展开立面表示,但应准确注明转角处的轴线编号。

2 立面外轮廓及主要结构和建筑构造部件的位置,如女儿墙顶、檐口、柱、变形缝、室外楼梯和垂直爬梯、室外空调机搁板、外遮阳构件、阳台、栏杆、台阶、坡道、花台、雨篷、烟囱、勒脚、门窗(消防救援窗)、幕墙、洞口、门头、雨水管,以及其他装饰构件、线脚和粉刷分格线等,当为预制构件或成品部件时,按照建筑制图标准规定的不同图例示意,装配式建筑立面应反映出预制构件的分块拼缝,包括拼缝分布位置及宽度等。

3 建筑的总高度、楼层位置辅助线、楼层数、楼层层高和标高以及关键控制标高的标注,如女儿墙或檐口标高等;外墙的留洞应注尺寸与标高或高度尺寸(宽×高×深及定位关系尺寸)。

4 平、剖面未能表示出来的屋顶、檐口、女儿墙、窗台以及其他装饰构件、线脚等的标高或尺寸。

5 在平面图上表达不清的窗编号。

6 各部分装饰用料、色彩的名称或代号。

7 剖面图上无法表达的构造节点详图索引。

8 图纸名称、比例。

9 各个方向的立面应绘齐全，但差异小、左右对称的立面可简略；内部院落或看不到的局部立面，可在相关剖面图上表示，若剖面图未能表示完全时，则需单独绘出。

4.3.6 剖面图。

1 剖视位置应选在层高不同、层数不同、内外部空间比较复杂、具有代表性的部位；建筑空间局部不同处以及平面、立面均表达不清的部位，可绘制局部剖面。

2 墙、柱、轴线和轴线编号。

3 剖切到或可见的主要结构和建筑构造部件，如室外地面、底层地（楼）面、地坑、地沟、各层楼板、夹层、平台、吊顶、屋架、屋顶、出屋顶烟囱、天窗、挡风板、檐口、女儿墙、幕墙、爬梯、门、窗、外遮阳构件、楼梯、台阶、坡道、散水、平台、阳台、雨篷、洞口及其他装修等可见的内容。

4 高度尺寸。

外部尺寸：门、窗、洞口高度、层间高度、室内外高差、女儿墙高度、阳台栏杆高度、总高度。

内部尺寸：地坑（沟）深度、隔断、内窗、洞口、平台、吊顶等。

5 标高。

主要结构和建筑构造部件的标高，如室内地面、楼面（含地下室）、平台、雨棚、吊顶、屋面板、屋面檐口、女儿墙顶、高出屋面的建筑物、构筑物及其他屋面特殊构件等的标高，室外地面标高。

6 节点构造详图索引号。

7 图纸名称、比例。

4.3.7 详图。

1 内外墙、屋面等节点，绘出不同构造层次，表达节能设计内容，标注各材料名称及具体技术要求，注明细部和厚度尺寸等。

2 楼梯、电梯、厨房、卫生间、阳台、管沟、设备基础等局部平面放大和构造详图，注明相关的轴线和轴线编号以及细部尺寸，设施的布置和定位、相互的构造关系及具体技术要求等，应提供预制外墙构件之间拼缝防水和保温的构造做法。

3 其他需要表示的建筑部位及构配件详图。

4 室内外装饰方面的构造、线脚、图案等；标注材料及细部尺寸、与主体结构的连接等。

5 门、窗、幕墙绘制立面图，标注洞口和分格尺寸，对开启位置、面积大小和开启方式，用料材质、颜色等作出规定和标注。

6 对另行专项委托的幕墙工程、金属、玻璃、膜结构等特殊屋面工程和特殊门窗等，应标注构件定位和建筑控制尺寸。

4.3.8 对贴邻的原有建筑，应绘出其局部的平、立、剖面，标注相关尺寸，并索引新建筑与原有建筑结合处的详图号。

4.3.9 计算书。

1 建筑节能计算书。

1）根据不同气候分区地区的要求进行建筑的体形系数计算。

2）根据建筑类别，计算各单一立面外窗（包括透光幕墙）窗墙面积比、屋顶透光部分面积比，确定外窗（包括透光幕墙）、屋顶透光部分的热工性能满足规范的限值要求。

3）根据不同气候分区城市的要求对屋面、外墙（包括非透光幕墙）、底面接触室外空气的架空或外挑楼板等围护结构部位进行热工性能计算。

4）当规范允许的个别限值超过要求，通过围护结构热工性能的权衡判断，使围护结构总体热工性能满足节能要求。

2 根据工程性质和特点，提出进行视线、声学、安全疏散等方面的计算依据、技术要求。

4.3.10 当项目按绿色建筑要求建设时，相关的平、立、剖面图应包括采用的绿色建筑设计技术内容，并绘制相关的构造详图。

4.3.11 增加保温节能材料的燃烧性能等级，与消防相统一。

4.4 结 构

4.4.1 在施工图设计阶段，结构专业设计文件应包含图纸目录、设计说明、设计图纸、计算书。

4.4.2 图纸目录。

应按图纸序号排列，先列新绘制图纸，后列选用的重复利用图和标准图。

4.4.3 结构设计总说明。

每一单项工程应编写一份结构设计总说明，对多子项工程应编写统一的结构设计总说明。当工程以钢结构为主或包含较多的钢结构时，应编制钢结构设计总说明。当工程较简单时，亦可将总说明的内容分散写在相关部分的图纸中。

结构设计总说明应包括以下内容：

1 工程概况。

1）工程地点、工程周边环境（如轨道交通）、工程分区、主要功能。

2）各单体（或分区）建筑的长、宽、高，地上与地下层数，各层层高，结构类型、结构规则性判别，主要结构跨度，特殊结构及造型，工业厂房的吊车吨位等。

3）当采用装配式结构时，应说明结构类型及采用的预制构件类型等。

2 设计依据。

1）主体结构设计使用年限。

2）自然条件：基本风压、地面粗糙度、基本雪压、气温（必要时提供）、抗震设防烈度等。

3）工程地质勘察报告。

4）场地地震安全性评价报告（必要时提供）。

5）风洞试验报告（必要时提供）。

6）相关节点和构件试验报告（必要时提供）。

7）振动台试验报告（必要时提供）。

8）建设单位提出的与结构有关的符合有关标准、法规的书面要求。

9）初步设计的审查、批复文件。

10）对于超限高层建筑，应有建筑结构工程超限设计可行性论证报告的批复文件。

11）采用桩基时应按相关规范进行承载力检测并提供检测报告。

12）本专业设计所执行的主要法规和所采用的主要标准（包括标准的名称、编号、年号和版本号）。

3 图纸说明。

1）图纸中标高、尺寸的单位。

2）设计±0.000m 标高所对应的绝对标高值。

3）当图纸按工程分区编号时，应有图纸编号说明。

4）常用构件代码及构件编号说明。

5）各类钢筋代码说明、型钢代码及其截面尺寸标记说明。

6）混凝土结构采用平面整体表示方法时，应注明所采用的标准图名称及编号或提供标准图。

4 建筑分类等级。

应说明下列建筑分类等级及所依据的规范或批文：

1）建筑结构安全等级。

2）地基基础设计等级。

3）建筑抗震设防类别。

4）主体结构类型及抗震等级。

5）地下水位标高和地下室防水等级。

6）人防地下室的设计类别、防常规武器抗力级别和防核武器抗力级别。

7）建筑防火分类等级和耐火等级。

8）混凝土构件的环境类别。

9）湿陷性黄土场地建筑物分类。

10）对超限建筑，注明结构抗震性能目标、结构及各类构件的抗震性能水准。

5 主要荷载（作用）取值及设计参数。

1）楼（屋）面面层荷载、吊挂（含吊顶）荷载。

2）墙体荷载、特殊设备荷载。

3）栏杆荷载。

4）楼（屋）面活荷载。

5）风荷载（包括地面粗糙度、体型系数、风振系数等）。

6）雪荷载（包括积雪分布系数等）。

7）地震作用（包括设计基本地震加速度、设计地震分组、场地类别、场地特征周期、结构阻尼比、水平地震影响系数最大值等）。

8）温度作用及地下室水浮力的有关设计参数。

6 设计计算程序。

1）结构整体计算及其他计算所采用的程序名称、版本号、编制单位。

2）结构分析所采用的计算模型，多、高层建筑整体计算的嵌固部位和底部加强区范围等。

7 主要结构材料。

1）结构材料性能指标。

2）混凝土强度等级（按标高及部位说明所用混凝土强度等级）、防水混凝土的抗渗等级、轻骨料混凝土的密度等级；注明混凝土耐久性的基本要求；采用预搅拌混凝土的要求。

3）砌体的种类及其强度等级、干容重，砌筑砂浆的种类及等级，砌体结构施工质量控制等级；采用预搅拌砂浆的要求。

4）钢筋种类及使用部位、钢绞线或高强钢丝种类及其对应产品标准，其他特殊要求（如强屈比等）。

5）成品拉索、预应力结构的锚具、成品支座（如各类橡胶支座、钢支座、隔震支座等）、阻尼器等特殊产品的技术参数。

6）钢结构所用的材料见第4.4.3条第10款。

7）装配式结构连接材料的种类及要求（包括连接套筒、浆锚金属波纹管、冷挤压接头性能等级要求、预制夹心外墙内的拉结件、套筒灌浆料、水泥基灌浆料性能指标，螺栓材料及规格、接缝材料及其他连接方式所使用的材料）。

8 基础及地下室工程。

1）工程地质及水文地质概况、各主要土层的压缩模量及承载力特征值等；对不良地基的处理措施及技术要求，抗液化措施及要求，地基土的冰冻深度、场地土的特殊地质条件等。

2）注明基础形式和基础持力层；采用桩基时应简述桩型、桩径、桩长、桩端持力层及桩进入持力层的深度要求，设计所采用的单桩承载力特征值（必要时尚应包括竖向抗拔承载力和水平承载力）、地基承载力的检验要求（如静载试验、桩基的试桩及检测要求）等。

3）地下室抗浮（防水）设计水位及抗浮措施、施工期间的降水要求及终止降水的条件等。

4）基坑、承台坑回填要求。

5）基础大体积混凝土的施工要求。

6）当有人防地下室时，应图示人防部分与非人防部分的分界范围。

7）各类地基基础检测要求。

9 钢筋混凝土工程。

1）各类混凝土构件的环境类别及其最外层钢筋的保护层厚度。

2）钢筋锚固长度、搭接长度、连接方式及要求；各类构件的钢筋锚固要求。

3）预应力构件采用后张法时的孔道做法及布置要求、灌浆要求等；预应力构件张拉端、固定端构造要求及做法，锚具防护要求等。

4）预应力结构的张拉控制应力、张拉顺序、张拉条件（如张拉时的混凝土强度等）、必要的张拉测试要求等。

5）梁、板的起拱要求及拆模条件。

6）后浇带或后浇块的施工要求（包括补浇时间要求）。

7）特殊构件施工缝的位置及处理要求。

8）预留孔洞的统一要求（如补强加固要求）、各类预埋件的统一要求。

9）防雷接地要求。

10 钢结构工程。

1）概述采用钢结构的部位及结构形式、主要跨度等。

2）钢结构材料：钢材牌号和质量等级，以及所对应的产品标准；必要时提出物理力学性能和化学成分要求及其他要求，如 Z 向性能、碳当量、耐候性能、交货状态等。

3）焊接方法及材料：各种钢材的焊接方法及对所采用焊材的要求。

4）螺栓材料：注明螺栓种类、性能等级，高强螺栓的接触面处理方法、摩擦面抗滑移系数，以及各类螺栓所对应的产品标准。

5）焊钉种类及对应的产品标准。

6）应注明钢构件的成型方式（热轧、焊接、冷弯、冷压、热弯、铸造等）、圆钢管种类（无缝管、直缝焊管等）。

7）压型钢板的截面形式及产品标准。

8）焊缝质量等级及焊缝质量检查要求。

9）钢构件制作要求。

10）钢结构安装要求，对跨度较大的钢构件必要时提出起拱要求。

11）涂装要求：注明除锈方法及除锈等级以及对应的标准；注明防腐底漆的种类、干漆膜最小厚度和产品要求；当存在中间漆和面漆时，也应分别注明其种类、干漆膜最小厚度和要求；注明各类钢构件所要求的耐火极限、防火涂料类型及产品要求；注明防腐年限及定期维护要求。

12）钢结构主体与围护结构的连接要求。

13）必要时，应提出结构检测要求和特殊节点的试验要求。

11 砌体工程。

1）砌体墙的材料种类、厚度、成墙后的墙重限制。

2）砌体填充墙与框架梁、柱、剪力墙的连接要求或注明所引用的标准图。

3）砌体墙上门窗洞口过梁要求或注明所引用的标准图。

4）需要设置的构造柱、圈梁（拉梁）要求及附图或注明所引用的标准图。

12 检测（观测）要求。

1）沉降观测要求。

2）大跨结构及特殊结构的检测、施工和使用阶段的健康监测要求。

3）高层、超高层结构应根据情况补充日照变形观测等特殊变形要求观测要求。

4）基桩的检测。

13 施工需特别注意的问题。

14 有基坑时应对基坑设计提出技术要求。

15 当项目按绿色建筑要求建设时，应有绿色建筑设计说明。

1）按照《建筑抗震设计规范》GB 50011 的建筑体型规则性划分规定说明建筑体型的规则性。

2）说明设计使用的可再利用和可再循环建筑材料的应用范围及用量比例。如：预搅拌混凝土的适用范围、预搅拌砂浆的使用情况、钢筋选用原则以及设计使用高强度材料的名称及范围、设计使用高耐久性建筑结构材料的名称和范围；说明设计所采用的工程化建筑预制构件名称及其应用范围。

16 当项目按装配式结构要求建设时，应有装配式结构设计专项说明：

1）设计依据及配套图集。

①装配式结构采用的主要法规和主要标准（包括标准的名称、编号、年号和版本号）。

②配套的相关图集（包括图集的名称、编号、年号和版本号）。

③采用的材料及性能要求。

④预制构件详图及加工图。

2）预制构件的生产和检验要求。

3）预制构件的运输和堆放要求。

4）预制构件现场安装要求。

5）装配式结构验收要求。

4.4.4 基础平面图。

1 绘出定位轴线、基础构件（包括承台、基础梁等）的位置、尺寸、底标高、构件编号，基础底标高不同时，应绘出放坡示意图；表示施工后浇带的位置及宽度。

2 标明砌体结构墙与墙垛、柱的位置与尺寸、编号；混凝土结构可另绘结构墙、柱平面定位图，并注明截面变化关系尺寸。

3 标明地沟、地坑和已定设备基础的平面位置、尺寸、标高，预留孔与预埋件的位置、尺寸、标高。

4 需进行沉降观测时注明观测点位置（宜附测点构造详图）。

5 基础设计说明应包括基础持力层及基础进入持力层的深度、地基的承载力特征值、持力层验槽要求、基底及基槽回填土的处理措施与要求，以及对施工的有关要求等。

6 采用桩基时应绘出桩位平面位置、定位尺寸及桩编号；先做试桩时，应单独绘制试桩定位平面图。

7 当采用人工复合地基时，应绘出复合地基的处理范围和深度，置换桩的平面布置及其材料和性能要求、构造详图；注明复合地基的承载力特征值及变形控制值等有关参数和检测要求。

当复合地基另由有设计资质的单位设计时，基础设计方应对经处理的地基提出承载力特征值和变形控制值的要求及相应的检测要求。

4.4.5 基础详图。

1 砌体结构无筋扩展基础应绘出剖面、基础圈梁、防潮层位置，并标注总尺寸、分尺寸、标高及定位尺寸。

2 扩展基础应绘出平、剖面及配筋、基础垫层，标注总尺寸、分尺寸、标高及定位尺寸等。

3 桩基应绘出桩详图、承台详图及桩与承台的连接构造详图。桩详图包括桩顶标高、桩长、桩身截面尺寸、配筋、预制桩的接头详图，并说明地质概况、桩持力层及桩端进入持力层的深度、成桩的施工要求、桩基的检测要求，注明单桩的承载力特征值（必要时尚应包括竖向抗拔承载力及水平承载力）。先做试桩时，应单独绘制试桩详图并提出试桩要求。承台详图包括平面、剖面、垫层、配筋，标注总尺寸、分尺寸、标高及定位尺寸。

4 筏基、箱基可参照相应图集表示，但应绘出承重墙、柱的位置。当要求设后浇带时应表示其平面位置并绘制构造详图。对箱基和地下室基础，应绘出钢筋混凝土墙的平面、剖面及其配筋，当预留孔洞、预埋件较多或复杂时，可另绘墙的模板图。

5 基础梁可按相应图集表示。

注：对形状简单、规则的无筋扩展基础、扩展基础、基础梁和承台板，也可用列表方法表示。

4.4.6 结构平面图。

1 一般建筑的结构平面图，均应有各层结构平面图及屋面结构平面图（钢结构平面图要求见第4.4.10条），具体内容为：

1）绘出定位轴线及梁、柱、承重墙、抗震构造柱位置及必要的定位尺寸，并注明其编号和楼面结构标高。

2）装配式建筑墙柱结构布置图中用不同的填充符号标明预制构件和现浇构件，采用预制构件时注明预制构件的编号，给出预制构件编号与型号对应关系以及详图索引号。预制板的跨度方向、板号、数量及板底标高，标出预留洞大小及位置；预制梁、洞口过梁的位置和型号、梁底标高。

3）现浇板应注明板厚、板面标高、配筋（亦可另绘放大的配筋图，必要时应将现浇楼面模板图和配筋图分别绘制），标高或板厚变化处绘局部剖面，有预留孔、埋件、已定设备基础时应示出规格与位置，洞边加强措施，当预留孔、埋件、设备基础复杂时亦可另绘详图；必要时尚应在平面图中表示施工后浇带的位置及宽度；电梯间机房尚应表示吊钩平面位置与详图。

4）砌体结构有圈梁时应注明位置、编号、标高，可用小比例绘制单线平面示意图。

5）楼梯间可绘斜线注明编号与所在详图号。

6）屋面结构平面布置图内容与楼层平面类同，当结构找坡时应标注屋面板的坡度、坡向、坡向起终点处的板面标高，当屋面上有留洞或其他设施时应绘出其位置、尺寸与详图，女儿墙或女儿墙构造柱的位置、编号及详图。

7）当选用标准图中节点或另绘节点构造详图时，应在平面图中注明详图索引号。

8）人防地下室平面中应标明人防区和非人防区，注明人防墙名称（如临空墙）与编号。

2 单层空旷房屋应绘制构件布置图及屋面结构布置图，应有以下内容：

1）构件布置应表示定位轴线，墙、柱、天桥、过梁、门楣、雨篷、柱间支撑、连系梁等的布置、编号、构件标高及详图索引号，并加注有关说明等；必要时应绘制剖面、立面结构布置图。

2）屋面结构布置图应表示定位轴线、屋面结构构件的位置及编号、支撑系统布置及编号、预留孔洞的位置、尺寸、节点详图索引号，以及有关的说明等。

4.4.7 钢筋混凝土构件详图。

1 现浇构件（现浇梁、板、柱及墙等详图）应绘出：

1）纵剖面、长度、定位尺寸、标高及配筋，梁和板的支座（可利用标准图中的纵剖面图）；现浇预应力混凝土构件尚应绘出预应力筋定位图并提出锚固及张拉要求。

2）横剖面、定位尺寸、断面尺寸、配筋（可利用标准图中的横剖面图）。

3）必要时绘制墙体立面图。

4）若钢筋较复杂不易表示清楚时，宜将钢筋分离绘出。

5）对构件受力有影响的预留洞、预埋件，应注明其位置、尺寸、标高、洞边配筋及预埋件编号等。

6）曲梁或平面折线梁宜绘制放大平面图，必要时可绘展开详图。

7）一般的现浇结构的梁、柱、墙可采用"平面整体表示法"绘制，标注文字较密时，纵、横向梁宜分二幅平面绘制。

8）除总说明已叙述外需特别说明的附加内容，尤其是与所选用标准图不同的要求（如钢筋锚固要求、构造要求等）。

9）对建筑非结构构件及建筑附属机电设备与结构主体的连接，应绘制连接或锚固详图。

注：非结构构件自身的抗震设计，由相关专业人员分别负责进行。

2 预制构件应绘出：

1）构件模板图：应表示模板尺寸、预留洞及预埋件位置、尺寸，预埋件编号、必要的标高等；后张预应力构件尚需表示预留孔道的定位尺寸、张拉端、锚固端等。

2）构件配筋图：纵剖面表示钢筋形式、箍筋直径与间距，配筋复杂时宜将非预应力筋分离绘出；横剖面注明断面尺寸、钢筋规格、位置、数量等。

3）需作补充说明的内容。

注：对形状简单、规则的现浇或预制构件，在满足上述规定前提下，可用列表法绘制。

4.4.8 混凝土结构节点构造详图。

1 对于现浇钢筋混凝土结构应绘制节点构造详图（可引用标准设计、通用图集中的详图）。

2 预制装配式结构的节点，梁、柱与墙体锚拉等详图应绘出平、剖面，注明相互定位关系，构件代号、连接材料、附加钢筋（或埋件）的规格、型号、性能、数量，并注明连接方法以及对施工安装、后浇混凝土的有关要求等。

3 需作补充说明的内容。

4.4.9 其他图纸。

1 楼梯图：应绘出每层楼梯结构平面布置及剖面图，注明尺寸、构件代号、标高，梯梁、梯板详图（可用列表法绘制）。

2 预埋件：应绘出其平面、侧面或剖面，注明尺寸、钢材和锚筋的规格、型号、性能、焊接要求。

3 特种结构和构筑物：如水池、水箱、烟囱、烟道、管架、地沟、挡土墙、筒仓、大型或特殊要求的设备基础、工作平台等，均宜单独绘图；应绘出平面、特征部位剖面及配筋，注明定位关系、尺寸、标高、材料品种和规格、型号、性能。

4.4.10 钢结构设计施工图。

钢结构设计施工图的内容和深度应能满足进行钢结构制作详图设计的要求。钢结构制作详图一般应由具有钢结构专项设计资质的加工制作单位完成，也可由具有该项资质的其他单位完成，其设计深度由制作单位确定。钢结构设计施工图不包括钢结构制作详图的内容。

钢结构设计施工图应包括以下内容：

1 钢结构设计总说明：以钢结构为主或钢结构（包括钢骨结构）较多的工程，应单独编制钢结构（包括钢骨结构）设计总说明，应包括第4.4.3条结构设计总说明中有关钢结构的内容。

2 基础平面图及详图：应表达钢柱的平面位置及其与下部混凝土构件的连结构造详图。

3 结构平面（包括各层楼面、屋面）布置图：应注明定位关系、标高、构件（可用粗单线绘制）的位置、构件编号及截面型式和尺寸、节点详图索引号等；必要时应绘制檩条、墙梁布置图和关键剖面图；空间网架应绘制上、下弦杆及腹杆平面图和关键剖面图，平面图中应有杆件编号及截面型式和尺寸、节点编号及型式和尺寸。

4 构件与节点详图。

1）简单的钢梁、柱可用统一详图和列表法表示，注明构件钢材牌号、必要的尺寸、规格，绘制各种类型连接节点详图（可引用标准图）。

2）格构式构件应绘出平面图、剖面图、立面图或立面展开图（对弧形构件），注明定位尺寸、总尺寸、分尺寸，注明单构件型号、规格，绘制节点详图和与其他构件的连接详图。

　　3）节点详图应包括：连接板厚度及必要的尺寸、焊缝要求，螺栓的型号及其布置，焊钉布置等。

4.4.11 计算书。

　　1 采用手算的结构计算书，应给出构件平面布置简图和计算简图、荷载取值的计算或说明；结构计算书内容宜完整、清楚，计算步骤要条理分明，引用数据有可靠依据，采用计算图表及不常用的计算公式，应注明其来源出处，构件编号、计算结果应与图纸一致。

　　2 当采用计算机程序计算时，应在计算书中注明所采用的计算程序名称、代号、版本及编制单位，计算程序必须经过有效审定（或鉴定），电算结果应经分析认可；总体输入信息、计算模型、几何简图、荷载简图和输出结果应整理成册。

　　3 采用结构标准图或重复利用图时，宜根据图集的说明，结合工程进行必要的核算工作，且应作为结构计算书的内容。

　　4 所有计算书应校审，并由设计、校对、审核人（必要时包括审定人）在计算书封面上签字，作为技术文件归档。

　　5 当项目按绿色建筑设计时，应计算设计采用的高强度材料和高耐久性建筑结构材料用量比例。

4.5　建筑电气

4.5.1 在施工图设计阶段，建筑电气专业设计文件图纸部分应包括图纸目录、设计说明、设计图、主要设备表，电气计算部分出计算书。

4.5.2 图纸目录：应分别以系统图、平面图等按图纸序号排列，先列新绘制图纸，后列选用的重复利用图和标准图。

4.5.3 设计说明。

　　1 工程概况：初步（或方案）设计审批定案的主要指标。

　　2 设计依据（内容见第 3.6.2 条第 1 款）。

　　3 设计范围。

　　4 设计内容（应包括建筑电气各系统的主要指标）。

　　5 各系统的施工要求和注意事项（包括线路选型、敷设方式及设备安装等）。

　　6 设备主要技术要求（亦可附在相应图纸上）。

　　7 防雷、接地及安全措施（亦可附在相应图纸上）。

　　8 电气节能及环保措施。

　　9 绿色建筑电气设计。

　　1）绿色建筑设计目标。

　　2）建筑电气设计采用的绿色建筑技术措施。

3）建筑电气设计所达到的绿色建筑技术指标。

10 与相关专业的技术接口要求。

11 智能化设计。

1）智能化系统设计概况。

2）智能化各系统的供电、防雷及接地等要求。

3）智能化各系统与其他专业设计的分工界面、接口条件。

12 其他专项设计、深化设计。

1）其他专项设计、深化设计概况。

2）建筑电气与其他专项、深化设计的分工界面及接口要求。

4.5.4 图例符号（应包括设备选型、规格及安装等信息）。

4.5.5 电气总平面图（仅有单体设计时，可无此项内容）。

1 标注建筑物、构筑物名称或编号、层数，注明各处标高、道路、地形等高线和用户的安装容量。

2 标注变、配电站位置、编号；变压器台数、容量；发电机台数、容量；室外配电箱的编号、型号；室外照明灯具的规格、型号、容量。

3 架空线路应标注：线路规格及走向，回路编号，杆位编号，档数、档距、杆高、拉线、重复接地、避雷器等（附标准图集选择表）。

4 电缆线路应标注：线路走向、回路编号、敷设方式、人（手）孔型号、位置。

5 比例、指北针。

6 图中未表达清楚的内容可随图作补充说明。

4.5.6 变、配电站设计图。

1 高、低压配电系统图（一次线路图）。

图中应标明变压器、发电机的型号、规格；母线的型号、规格；标明开关、断路器、互感器、继电器、电工仪表（包括计量仪表）等的型号、规格、整定值（此部分也可标注在图中表格中）。

图下方表格标注：开关柜编号、开关柜型号、回路编号、设备容量、计算电流、导体型号及规格、敷设方法、用户名称、二次原理图方案号（当选用分隔式开关柜时，可增加小室高度或模数等相应栏目）。

2 平、剖面图。

按比例绘制变压器、发电机、开关柜、控制柜、直流及信号柜、补偿柜、支架、地沟、接地装置等平面布置、安装尺寸等，以及变、配电站的典型剖面，当选用标准图时，应标注标准图编号、页次；标注进出线回路编号、敷设安装方法，图纸应有设备明细表、主要轴线、尺寸、标高、比例。

3 继电保护及信号原理图。

继电保护及信号二次原理方案号，宜选用标准图、通用图。当需要对所选用标准图或通用图进行修改时，仅需绘制修改部分并说明修改要求。

控制柜、直流电源及信号柜、操作电源均应选用标准产品，图中标示相关产品型号、规格和要求。

4 配电干线系统图。

以建筑物、构筑物为单位，自电源点开始至终端配电箱止，按设备所处相应楼层绘制，应包括变、配电站变压器编号、容量、发电机编号、容量、各处终端配电箱编号、容量，自电源点引出回路编号。

5 相应图纸说明。

图中表达不清楚的内容，可随图作相应说明。

4.5.7 配电、照明设计图。

1 配电箱（或控制箱）系统图，应标注配电箱编号、型号，进线回路编号；标注各元器件型号、规格、整定值；配出回路编号、导线型号规格、负荷名称等（对于单相负荷应标明相别），对有控制要求的回路应提供控制原理图或控制要求；当数量较少时，上述配电箱（或控制箱）系统内容在平面图上标注完整的，可不单独出配电箱（或控制箱）系统图。

2 配电平面图应包括建筑门窗、墙体、轴线、主要尺寸、房间名称、工艺设备编号及容量；布置配电箱、控制箱，并注明编号；绘制线路始、终位置（包括控制线路），标注回路编号、敷设方式（需强调时）；凡需专项设计场所，其配电和控制设计图随专项设计，但配电平面图上应相应标注预留的配电箱，并标注预留容量；图纸应有比例。

3 照明平面图应包括建筑门窗、墙体、轴线、主要尺寸、标注房间名称、绘制配电箱、灯具、开关、插座、线路等平面布置，标明配电箱编号，干线、分支线回路编号；凡需二次装修部位，其照明平面图及配电箱系统图由二次装修设计，但配电或照明平面图上应相应标注预留的照明配电箱，并标注预留容量；图纸应有比例。

4 图中表达不清楚的，可随图作相应说明。

4.5.8 建筑设备控制原理图。

1 建筑电气设备控制原理图，有标准图集的可直接标注图集方案号或者页次。

1）控制原理图应注明设备明细表。

2）选用标准图集时若有不同处应作说明。

2 建筑设备监控系统及系统集成设计图。

1）监控系统方框图，绘至 DDC 站止。

2）随图说明相关建筑设备监控（测）要求、点数，DDC 站位置。

4.5.9 防雷、接地及安全设计图。

1 绘制建筑物顶层平面，应有主要轴线号、尺寸、标高、标注接闪杆、接闪器、引下线位置。注明材料型号规格、所涉及的标准图编号、页次，图纸应标注比例。

2 绘制接地平面图（可与防雷顶层平面重合），绘制接地线、接地极、测试点、断接卡等的平面位置，标明材料型号、规格、相对尺寸等及涉及的标准图编号、页次，图纸应标注比例。

3 当利用建筑物（或构筑物）钢筋混凝土内的钢筋作为防雷接闪器、引下线、接地装置时，应标注连接方式、接地电阻测试点、预埋件位置及敷设方式，注明所涉及的标准图编号、页次。

4 随图说明可包括：防雷类别和采取的防雷措施（包括防侧击雷、防雷击电磁脉冲、防高电位引入）；接地装置型式、接地极材料要求、敷设要求、接地电阻值要求；当利用桩基、基础内钢筋作接地极时，应采取的措施。

5 除防雷接地外的其他电气系统的工作或安全接地的要求，如果采用共用接地装置，应在接地平面图中叙述清楚，交代不清楚的应绘制相应图纸。

4.5.10 电气消防

1 电气火灾监控系统。

1）应绘制系统图，以及各监测点名称、位置等。

2）一次部分绘制并标注在配电箱系统图上。

3）在平面图上应标注或说明监控线路型号、规格及敷设要求。

2 消防设备电源监控系统。

1）应绘制系统图，以及各监测点名称、位置等。

2）电气火灾探测器绘制并标注在配电箱系统图上。

3）在平面图上应标注或说明监控线路型号、规格及敷设要求。

3 防火门监控系统。

1）防火门监控系统图、施工说明。

2）各层平面图，应包括设备及器件布点、连线，线路型号、规格及敷设要求。

4 火灾自动报警系统。

1）火灾自动报警及消防联动控制系统图、施工说明、报警及联动控制要求。

2）各层平面图，应包括设备及器件布点、连线，线路型号、规格及敷设要求。

5 消防应急广播。

1）消防应急广播系统图、施工说明。

2）各层平面图，应包括设备及器件布点、连线，线路型号、规格及敷设要求。

4.5.11 智能化各系统设计。

1）智能化各系统及其子系统的系统框图。

2）智能化各系统及其子系统的干线桥架走向平面图。

3）智能化各系统及其子系统竖井布置分布图。

4.5.12 主要电气设备表。

注明主要电气设备的名称、型号、规格、单位、数量。

4.5.13 计算书。

施工图设计阶段的计算书，计算内容同初设要求。

4.5.14 当采用装配式建筑技术设计时，应明确装配式建筑设计电气专项内容：

1）明确装配式建筑电气设备的设计原则及依据。

2）对预埋在建筑预制墙及现浇墙内的电气预埋箱、盒、孔洞、沟槽及管线等要有做法标注及详细定位。

3）预埋管、线、盒及预留孔洞、沟槽及电气构件间的连接做法。

4）墙内预留电气设备时的隔声及防火措施；设备管线穿过预制构件部位采取相应的防水、防火、隔声、保温等措施。

5）采用预制结构柱内钢筋作为防雷引下线时，应绘制预制结构柱内防雷引下线间连接大样，标注所采用防雷引下线钢筋、连接件规格以及详细做法。

4.6 给水排水

4.6.1 在施工图设计阶段，建筑给水排水专业设计文件应包括图纸目录、施工图设计说明、设计图纸、设备及主要材料表、计算书。

4.6.2 图纸目录：绘制设计图纸目录、选用的标准图目录及重复利用图纸目录。

4.6.3 设计总说明

1 设计总说明：

设计总说明可分为设计说明、施工说明两部分。

1）设计依据：

① 已批准的初步设计（或方案设计）文件（注明文号）。

② 设单位提供有关资料和设计任务书。

③ 本专业设计所采用的主要规范、标准（包括标准的名称、编号、年号和版本号）。

④ 工程可利用的市政条件或设计依据的市政条件：说明接入的市政给水管根数、接入位置、管径、压力，或生活、生产、室内、外消防给水来源情况；说明污、废水排至市政排水管或排放需要达到的水质要求，污、废水预处理措施，需要进行污水处理或中水回用时需要达到的水质标准及采取的技术措施。

⑤ 建筑和有关专业提供的条件图和有关资料。

2）工程概况：内容参照初步设计。

3）设计范围：内容参照初步设计。

4）给水排水系统简介：

主要的技术指标（如最高日用水量、平均时用水量、最大时用水量，各给水系统的设计流量、设计压力，最高日生活污水排水量，雨水暴雨强度公式及排水设计重现期、设计雨水流量，设计小时耗热量、热水用水量、循环冷却水量及补水量，各消防系统的设计参数、消防用水量及消防总用水量等）。

设计采用的系统简介、系统运行控制方法等。

5）说明主要设备、管材、器材、阀门等的选型。

6）说明管道敷设、设备、管道基础，管道支吊架及支座，管道、设备的防腐蚀、防冻和防结露、保温，管道、设备的试压和冲洗等。

7）专篇中如建筑节能、节水、环保、人防、卫生防疫等给水排水所涉及的内容。

8）绿色建筑设计：

当项目按绿色建筑要求建设时，应有绿色建筑设计说明。

① 设计依据。

② 绿色建筑设计的项目特点与定位。

③ 给排水专业相关的绿色建筑技术选项内容及技术措施。

④ 需在其他子项或专项设计、二次深化设计中完成的内容（如中水处理、雨水收集回用等），以及相应设计参数、技术要求。

9）需专项设计及二次深化设计的系统应提出设计要求。

10）凡不能用图示表达的施工要求，均应以设计说明表述。

11）有特殊需要说明的可分列在有关图纸上。

2 图例。

4.6.4 建筑小区（室外）给水排水总平面图。

1 绘制各建筑物的外形、名称、位置、标高、道路及其主要控制点坐标、标高、坡向，指北针（或风玫瑰图）、比例。

2 绘制给排水管网及构筑物的位置（坐标或定位尺寸）；备注构筑物的主要尺寸。

3 对较复杂工程，可将给水、排水（雨水、污废水）总平面图分开绘制，以便于施工（简单工程可绘在一张图上）。

4 标明给水管管径、阀门井、水表井、消火栓（井）、消防水泵接合器（井）等。

5 排水管标注主要检查井编号、水流坡向、管径，标注管道接口处市政管网（检查井）的位置、标高、管径等。

4.6.5 室外排水管道高程表或纵断面图。

1 排水管道绘制高程表，将排水管道的主要检查井编号、井距、管径、坡度、设计地面标高、管内底标高、管道埋深等写在表内。

简单的工程，可将上述内容（管道埋深除外）直接标注在平面图上，不列表。

2 对地形复杂的排水管道以及管道交叉较多的给排水管道，宜绘制管道纵断面图。图中应表示出主要检查井编号、井距、管径、坡度、设计地面标高、管道标高（给水管道注管中心，排水管道注管内底）、管道埋深、管材、接口型式、管道基础、管道平面示意，并标出交叉管的管径、位置、标高；纵断面图比例宜为竖向 1:50 或 1:100，横向 1:500（或与总平面图的比例一致）。

4.6.6 自备水源取水工程。

自备水源取水工程，应按照《市政公用工程设计文件编制深度规定》要求，另行专项设计。

4.6.7 雨水控制与利用及各净化建筑物、构筑物的平、剖面及详图。

分别绘制各建筑物、构筑物的平、剖面及详图，图中表示出工艺设备布置、各细部尺寸、标高、构造、管径及管道穿池壁预埋管管径或加套管的尺寸、位置、结构形式和引用详图。

4.6.8 水泵房平面、剖面图。

    1 平面图。

    应绘出水泵基础外框及编号、管道位置，列出设备及主要材料表，标出管径、阀件、起吊设备、计量设备等位置、尺寸。如需设真空泵或其他引水设备时，要绘出有关的管道系统和平面位置及排水设备。

    2 剖面图。

    绘出水泵基础剖面尺寸、标高，水泵轴线、管道、阀门安装标高，防水套管位置及标高。简单的泵房，用系统轴测图能交代清楚时，可不绘剖面图。

    3 管径较大时宜绘制双线图。

4.6.9 水塔（箱）、水池配管及详图。

    分别绘出水塔（箱）、水池的形状、工艺尺寸、进水、出水、泄水、溢水、透气、水位计、水位信号传输器等平面、剖面图或系统轴测图及详图，标注管径、标高、最高水位、最低水位、消防储备水位等及贮水容积。

4.6.10 循环水构筑物的平面、剖面及系统图。

    有循环水系统时，应绘出循环冷却水系统的构筑物（包括用水设备、冷却塔等）、循环水泵房及各种循环管道的平面、剖面及系统图（或展开系统原理图）（当绘制系统轴测图时，可不绘制剖面图），并标注相关设计参数。

4.6.11 污水处理。

    如有集中的污水处理，应按照《市政公用工程设计文件编制深度规定》要求，另行专项设计。

4.6.12 建筑室内给水排水图纸。

    1 平面图。

    1）应绘出与给水排水、消防给水管道布置有关各层的平面，内容包括主要轴线编号、房间名称、用水点位置，注明各种管道系统编号（或图例）。

    2）应绘出给水排水、消防给水管道平面布置、立管位置及编号，管道穿剪力墙处定位尺寸、标高、预留孔洞尺寸及其他必要的定位尺寸，管道穿越建筑物地下室外墙或有防水要求的构（建）筑物的防水套管形式、套管管径、定位尺寸、标高等。

    3）当采用展开系统原理图时，应标注管道管径、标高，在给排水管道安装高度变化处用符号表示清楚，并分别标出标高（排水横管应标注管道坡度、起点或终点标高），管道密集处应在该平面中画横断面图将管道布置定位表示清楚。

    4）底层（首层）等平面应注明引入管、排出管、水泵接合器管道等管径、标高及与建筑物的定位尺寸，还应绘出指北针。引入管应标注管道设计流量和水压值。

    5）标出各楼层建筑平面标高（如卫生设备间平面标高有不同时，应另加注或用文字说明）和层数，建筑灭火器放置地点（也可在总说明中交代清楚）。

    6）若管道种类较多，可分别绘制给排水平面图和消防给水平面图。

    7）需要专项设计（含二次深化设计）时，应在平面图上注明位置、预留孔洞、设备与管道接口位置及技术参数。

2 系统图。

系统图可按系统原理图或系统轴测图绘制。

1）系统原理图。

对于给水排水系统和消防给水系统等，采用原理图或展开系统原理图将设计内容表达清楚时，绘制（展开）系统原理图。

图中标明立管和横管的管径、立管编号、楼层标高、层数、室内外地面标高、仪表及阀门、各系统进出水管编号、各楼层卫生设备和工艺用水设备的连接，排水管还应标注立管检查口、通风帽等距地（板）高度及排水横管上的竖向转弯和清扫口等。

2）系统轴测图。

对于给水排水系统和消防给水系统，也可按比例分别绘出各种管道系统轴测图。图中标明管道走向、管径、仪表及阀门、伸缩节、固定支架、控制点标高和管道坡度（设计说明中已交代者，图中可不标注管道坡度）、各系统进出水管编号、立管编号、各楼层卫生设备和工艺用水设备的连接点位置。

复杂的连接点应局部放大绘制；在系统轴测图上，应注明建筑楼层标高、层数、室内外地面标高；引入管道应标注管道设计流量和水压值。

3）当自动喷水灭火系统在平面图中已将管道管径、标高、喷头间距和位置标注清楚时，可简化绘制从水流指示器至末端试水装置（试水阀）等阀件之间的管道和喷头。

4）简单管段在平面上注明管径、坡度、走向、进出水管位置及标高，引入管设计流量和水压值，可不绘制系统图。

3 局部放大图。

对于给排水设备用房及管道较多处，如水泵房、水池、水箱间、热交换器站、卫生间、水处理间、游泳池、水景、冷却塔布置、冷却循环水泵房、热泵热水、太阳能热水、雨水利用设备间、报警阀组、管井、气体消防贮瓶间等，当平面图不能交代清楚时，应绘出局部放大平面图；可绘出其平面图、剖面图（或轴测图、卫生间管道也可绘制展开图），或注明引用的详图、标准图号。

管径较大且系统复杂的设备用房宜绘制双线图。

4.6.13 设备及主要材料表。

给出使用的设备、主要材料、器材的名称、性能参数、计数单位、数量、备注等。

4.6.14 计算书。

根据初步设计审批意见进行施工图阶段设计计算。

4.6.15 当采用装配式建筑技术设计时，应明确装配式建筑设计给排水专项内容：

1）明确装配式建筑给排水设计的原则及依据。

2）对预埋在建筑预制墙及现浇墙内的预留孔洞、沟槽及管线等要有做法标注及详细定位。

3）预埋管、线、孔洞、沟槽间的连接做法。

4）墙内预留给排水设备时的隔声及防水措施；管线穿过预制构件部位采取相应的防水、防火、隔声、保温等措施。

5）与相关专业的技术接口要求。

4.7 供暖通风与空气调节

4.7.1 在施工图设计阶段，供暖通风与空气调节专业设计文件应包括图纸目录、设计与施工说明、设备表、设计图纸、计算书。

4.7.2 图纸目录。

先列新绘图纸，后列选用的标准图或重复利用图。

4.7.3 设计说明和施工说明。

1 设计说明。

1）设计依据。

① 摘述设计任务书和其他依据性资料中与供暖通风与空气调节专业有关的主要内容。

② 与本专业有关的批准文件和建设单位提出的符合有关法规、标准的要求。

③ 本专业设计所执行的主要法规和所采用的主要标准等（包括标准的名称、编号、年号和版本号）。

④ 其他专业提供的设计资料等。

2）施工说明。

简述工程建设地点、建筑面积、规模、建筑防火类别、使用功能、层数、建筑高度等。

3）设计内容和范围。

根据设计任务书和有关设计资料，说明本专业设计的内容、范围以及与有关专业的设计分工。当本专业的设计内容分别由两个或两个以上的单位承担设计时，应明确交接配合的设计分工范围。

4）室内外设计参数（同第3.8.2条第4款）。

5）供暖。

① 供暖热负荷、折合耗热量指标。

② 热源设置情况，热媒参数、热源系统工作压力及供暖系统总阻力。

③ 供暖系统水处理方式、补水定压方式、定压值（气压罐定压时注明工作压力值）等。

注：气压罐定压时，工作压力值指补水泵启泵压力、补水泵停泵压力、电磁阀开启压力和安全阀开启压力。

④ 设置供暖的房间及供暖系统形式、管道敷设方式。

⑤ 供暖热计量及室温控制，供暖系统平衡、调节手段。

⑥ 供暖设备、散热器类型等。

6）空调。

① 空调冷、热负荷，折合耗冷、耗热量指标。

② 空调冷、热源设置情况，热媒、冷媒及冷却水参数，系统工作压力等。

③ 空调系统水处理方式、补水定压方式、定压值（气压罐定压时注明工作压力值）等。

④ 各空调区域的空调方式、空调风系统简述等。

⑤ 空调水系统设备配置形式和水系统制式，水系统平衡、调节手段等。

⑥ 洁净空调净化级别及空调送风方式。

7）通风。

① 设置通风的区域及通风系统形式。

② 通风量或换气次数。

③ 通风系统设备选择和风量平衡。

8）监测与控制要求，有自动监控时，确定各系统自动监控原则（就地或集中监控），说明系统的使用操作要点等。

9）防排烟。

① 简述设置防排烟的区域及其方式。

② 防排烟系统风量确定。

③ 防排烟系统及其设施配置。

④ 控制方式简述。

⑤ 暖通空调系统的防火措施。

10）空调通风系统的防火、防爆措施。

11）节能设计。

节能设计采用的各项措施、技术指标，包括有关节能设计标准中涉及的强制性条文的要求。

12）绿色建筑设计。

当项目按绿色建筑要求建设时，说明绿色建筑设计目标、采用的主要绿色建筑技术和措施。

13）废气排放处理措施。

14）设备降噪、减振要求，管道和风道减振做法要求等。

15）需专项设计及二次深化设计的内容应提出设计要求。

2 施工说明。

施工说明应包括以下内容：

1）设计中使用的管道、风道、保温材料等材料选型及做法。

2）设备表和图例没有列出或没有标明性能参数的仪表、管道附件等的选型。

3）系统工作压力和试压要求。

4）图中尺寸、标高的标注方法。

5）施工安装要求及注意事项，大型设备安装要求及预留进、出运输通道。

6）采用的标准图集、施工及验收依据。

3 图例。

4 当本专业的设计内容分别由两个或两个以上的单位承担设计时，应明确交接配合的设计分工范围。

4.7.4 设备表（见表 3.8.3），施工图阶段性能参数栏应注明详细的技术数据。

4.7.5 平面图。

1 绘出建筑轮廓、主要轴线号、轴线尺寸、室内外地面标高、房间名称，底层平面图上绘出指北针。

2 供暖平面绘出散热器位置，注明片数或长度、供暖干管及立管位置、编号、管道的阀门、放气、泄水、固定支架、伸缩器、入口装置、管沟及检查孔位置，注明管道管径及标高。

3 通风、空调、防排烟风道平面用双线绘出风道，复杂的平面应标出气流方向。标注风道尺寸（圆形风道注管径、矩形风道注宽×高）、主要风道定位尺寸、标高及风口尺寸，各种设备及风口安装的定位尺寸和编号，消声器、调节阀、防火阀等各种部件位置，标注风口设计风量（当区域内各风口设计风量相同时也可按区域标注设计风量）。

4 风道平面应表示出防火分区，排烟风道平面还应表示出防烟分区。

5 空调管道平面单线绘出空调冷热水、冷媒、冷凝水等管道，绘出立管位置和编号，绘出管道的阀门、放气、泄水、固定支架、伸缩器等，注明管道管径、标高及主要定位尺寸。

6 多联式空调系统应绘制冷媒管和冷凝水管。

7 需另作二次装修的房间或区域，可按常规进行设计，宜按房间或区域标出设计风量。风道可绘制单线图，不标注详细定位尺寸，并注明按配合装修设计图施工。

8 与通风空调系统设计相关的工艺或局部的建筑使用功能未确定时，设计可预留通风空调系统设置的必要条件，如土建机房、井道及配电等。在工艺或局部的建筑使用功能确定后再进行相应的系统设计。

4.7.6 通风、空调、制冷机房平面图和剖面图。

1 机房图应根据需要增大比例，绘出通风、空调、制冷设备（如冷水机组、新风机组、空调器、冷热水泵、冷却水泵、通风机、消声器、水箱等）的轮廓位置及编号，注明设备外形尺寸和基础距离墙或轴线的尺寸。

2 绘出连接设备的风道、管道及走向，注明尺寸和定位尺寸、管径、标高，并绘制管道附件（各种仪表、阀门、柔性短管、过滤器等）。

3 当平面图不能表达复杂管道、风道相对关系及竖向位置时，应绘制剖面图。

4 剖面图应绘出对应于机房平面图的设备、设备基础、管道和附件，注明设备和附件编号以及详图索引编号，标注竖向尺寸和标高，当平面图设备、风道、管道等尺寸和定位尺寸标注不清时，应在剖面图标注。

4.7.7 系统图、立管或竖风道图。

1 分户热计量的户内供暖系统或小型供暖系统，当平面图不能表示清楚时应绘制系统透视图，比例宜与平面图一致，按45°或30°轴侧投影绘制；多层、高层建筑的集中供暖系统，应绘制供暖立管图，并编号。上述图纸应注明管径、坡度、标高、散热器型号和数量。

2 冷热源系统、空调水系统及复杂的或平面表达不清的风系统应绘制系统流程图。系统流程图应绘出设备、阀门、计量和现场观测仪表、配件，标注介质流向、管径及设备编号。流程图可不按比例绘制，但管路分支及与设备的连接顺序应与平面图相符。

3 空调冷热水分支水路采用竖向输送时，应绘制立管图，并编号，注明管径、标高及所接设备编号。

4 供暖、空调冷热水立管图应标注伸缩器、固定支架的位置。

5 空调、通风、制冷系统有自动监控要求时，宜绘制控制原理图，图中以图例绘出设备、传感器及执行器位置；说明控制要求和必要的控制参数。

6 对于层数较多、分段加压、分段排烟或中途竖井转换的防排烟系统，或平面表达不清竖向关系的风系统，应绘制系统示意或竖风道图。

4.7.8 通风、空调剖面图和详图。

1 风道或管道与设备连接交叉复杂的部位，应绘剖面图或局部剖面。

2 绘出风道、管道、风口、设备等与建筑梁、板、柱及地面的尺寸关系。

3 注明风道、管道、风口等的尺寸和标高，气流方向及详图索引编号。

4 供暖、通风、空调、制冷系统的各种设备及零部件施工安装，应注明采用的标准图、通用图的图名图号。凡无现成图纸可选，且需要交代设计意图的，均需绘制详图。简单的详图，可就图引出，绘制局部详图。

4.7.9 室外管网设计深度要求见第4.8.7条。

4.7.10 计算书。

1 采用计算程序计算时，计算书应注明软件名称、版本及鉴定情况，打印出相应的简图、输入数据和计算结果。

2 以下计算内容应形成计算书：

1）供暖房间耗热量计算及建筑物供暖总耗热量计算、热源设备选择计算。

2）空调房间冷热负荷计算（冷负荷按逐项逐时计算），并应有各项输入值及计算汇总表；建筑物供暖供冷总负荷计算、冷热源设备选择计算。

3）供暖系统的管径及水力计算、循环水泵选择计算。

4）空调冷热水系统最不利环路管径及水力计算、循环水泵选择计算。

3 以下内容应进行计算：

1）供暖系统设备、附件等选择计算，如散热器、膨胀水箱或定压补水装置、伸缩器、疏水器等。

2）空调系统设备、附件等选择计算，如空气处理机组、新风机组、风机盘管、多联式空调系统设备、变风量末端装置、空气热回收装置、消声器、膨胀水箱或定压补水装置、冷却塔等。

3）空调、通风、防排烟系统风量、系统阻力计算，通风、防排烟系统设备选型计算。

4）空调系统必要的气流组织设计与计算。

4 必须有满足工程所在省、市有关部门要求的节能设计、绿色建筑设计等的计算内容。

4.7.11 当采用装配式建筑技术设计时，应明确装配式建筑设计暖通空调专项内容：

1 明确装配式建筑暖通空调设计的原则及依据。

2 对预埋在建筑预制墙及现浇墙内的预留风管、孔洞、沟槽等要有做法标注及详细定位。

3 预埋风管、线、孔洞、沟槽间的连接做法。

4 墙内预留暖通空调设备时的隔声及防水措施；管线穿过预制构件部位采取相应的防水、防火、隔声、保温等措施。

5 与相关专业的技术接口要求。

4.8 热能动力

4.8.1 在施工图设计阶段，热能动力专业设计文件应包括图纸目录、设计说明和施工说明、设备及主要材料表、设计图纸、计算书。

4.8.2 图纸目录。

先列新绘制的设计图纸，后列选用的标准图、通用图或重复利用图。

4.8.3 设计说明、施工说明与运行控制说明。

1 设计说明。

1）列出设计依据（内容见第3.9.2条第1款），当施工图设计与初步设计（或方案设计）有较大变化时应说明原因及调整内容。

2）概述系统设计，列出技术指标。技术指标包括各类供热负荷及各种气体用量、设计容量、运行介质参数、热水循环系统的耗电输热比，燃料消耗量、灰渣量、水电用量等。说明系统运行的特殊要求及维护管理需要特别注意的事项。

3）设计所采用的图例符号。

4）节能设计，在节能设计条款中阐述设计采用的节能措施，包括有关节能标准、规范中强制性条文和以"必须"、"应"等规范用语规定的非强制性条文提出的要求。

5）绿色建筑设计所要求的各项措施（当项目设计按绿色建筑设计时）。

6）环保、消防及安全措施。应明确排烟、除尘、除渣、排污、减噪等方面的各项环保措施。应明确有关锅炉房、可燃气体站房及可燃气、液体的安全措施，如防火、防爆、泄压、消防等措施。当设计条款中涉及法规、技术标准提出的强制性条文的内容时，以"必须"、"应"等规范用语表示其内容。

2 施工说明。

1）本工程采用的施工及验收依据。

2）设备安装：设备安装应与土建施工配合及设备基础应与到货设备核对尺寸的要求；设备安装时，应避免设备或材料集中在楼板上，以防楼板超载；利用梁柱起吊设备时，必须复核梁柱强度的要求。

3）安装较大型设备时，需要预留安装通道的要求。

4）管道安装：工艺管道、风、烟管道的管材及附件的选用，管道的连接方式，管道的安装坡度及坡向，管道弯头的选用，管道的支吊架要求，管道的滑动支吊架间距表，管道的补偿器和建筑物入口装置等，管道施工应与土建配合预留埋件、预留孔洞、预留套管等要求。

5）系统的工作压力和试压要求。

6）防腐、保温、保护、涂色：设备、管道的防腐措施、保温材料种类，设备、管道的保护及涂色要求。

7）图中尺寸、标高的标注方法。

8）图例。

3 运行控制说明。

需要时，对设备的运行控制要求进行说明。

4.8.4 锅炉房图。

1 热力系统图。

表示出热水循环系统、蒸汽及凝结水系统、水处理系统、给水系统、定压补水方式、排污系统等内容；标明图例符号（也可以在设计说明中加）、管径、介质流向及设备编号（应与设备表中编号一致）；标明就地安装测量仪表位置等。

2 设备平面布置图。

绘制锅炉房、辅助间的平面图，注明建筑轴线编号、尺寸、标高和房间名称；并绘出设备布置图，注明设备定位尺寸及设备编号（应与设备表中编号一致）。对较大型锅炉房根据情况绘制表示锅炉房、煤、渣、灰场（池）、室外油罐等的区域布置图。

3 管道布置图。

绘制工艺管道及风、烟等管道平面图，注明阀门、补偿器、固定支架的安装位置及就地安装一次测量仪表位置，注明各种管道尺寸。当管道系统不太复杂时，管道布置图可与设备平面布置图绘在一起。

4 剖面图。

绘制工艺管道、风、烟等管道布置及设备剖面图，注明阀门、补偿器、固定支架的安装位置及就地安装一次测量仪表位置，注明各种管道管径尺寸及安装标高、坡度及坡向，注明设备定位尺寸及设备编号（应与设备表中编号一致）。

    5 其他图纸。

根据工程具体情况绘制机械化运输平面和剖面布置图、设备安装详图、水箱及油箱开孔图、非标准设备制作图等。

4.8.5 其他动力站房图。

    1 管道系统图（或透视图）。

对热交换站、气体站房、柴油发电机房等应绘制系统图，图纸内容和深度参照锅炉房部分；对燃气调压站和瓶组站绘制系统图，并注明标高。

    2 设备及管道平面图、剖面图。

绘制设备及管道平面图，当管道系统较复杂时，还应绘制设备及管道布置剖面图，图纸内容和深度参照锅炉房部分。

4.8.6 室内管道图。

    1 管道系统图（或透视图）。

应绘制管道系统图（或透视图），包括各种附件、就地测量仪表，注明管径、坡度及管道标高（透视图中）。

    2 平面图。

绘制建筑物平面图，标出轴线编号、尺寸、标高和房间名称；并绘制有关用气（汽）设备外形轮廓尺寸及编号，绘制动力管道、入口装置及各种附件，注明管道管径，若有补偿器、固定支架，应绘制其安装位置及定位尺寸。

    3 安装详图（或局部放大图）。

当管道安装采用标准图或通用图时可以不绘管道安装详图，但应在图纸目录中列出标准图、通用图图册名称及索引的图名、图号，其他情况应绘制安装详图。

4.8.7 室外管网图。

    1 平面图。

绘制建筑红线范围内的总图平面，包括建筑物、构筑物、道路、坎坡、水系等，并标注名称、定位尺寸或坐标；标注指北针；标注设计建筑物室内 ±0.00 绝对标高和室外地面主要区域的绝对标高；标注各单体建筑物的热（冷）负荷、阻力及入口调压装置的相关参数。

绘制管道布置图，图中包括补偿器、固定支架、阀门、检查井、排水井等；标注管道、设备、设施的定位尺寸或坐标，标注管段编号（或节点编号）、管道规格、管线长度及管道介质代号，标注补偿器类型、补偿器的补偿量（方形补偿器时其尺寸）、固定支架编号等。

    2 纵断面图（比例：纵向为 1:500 或 1:1000，竖向为 1:50）。

地形较复杂的地区应绘制管道纵断面展开图。

当地沟敷设时，所要标出内容为：管段编号（或节点编号）、设计地面标高、沟顶标高、沟底标高、管道标高、地沟断面尺寸、管段平面长度、坡度及坡向。

当架空敷设时，所要标出内容为：管段编号（或节点编号）、设计地面标高、柱顶标高、管道标高、管段平面长度、坡度及坡向。

当直埋敷设时，所要标出内容为：管段编号（或节点编号）、设计地面标高、管道标高、填砂沟底标高、管段平面长度、坡度及坡向。

管道纵断面图中还应表示出关断阀、放气阀、泄水阀、疏水装置和就地安装测量仪表等。

简单项目及地势平坦处，可不绘制管道纵断面图而在管道平面图主要控制点直接标注或列表说明上述各种数据。

3 横断面图。

当地沟敷设时，管道横断面图应表示出管道直径、保温层厚度、地沟断面尺寸、管中心间距、管子与沟壁、沟底距离、支座尺寸及覆土深度等。

当架空敷设时，管道横断面图应表示出管道直径、保温层厚度、管中心间距、支座尺寸等。

当直埋敷设时，管道横断面图应表示出管道直径、保温层厚度、填砂沟槽尺寸、管中心间距、填砂层厚度及埋深等。

采用标准图、通用图时可不绘管道横断面图，但应注明标准图、通用图名称及索引的图名、图号。

4 节点详图。

必要时应绘制检查井、分支节点、管道及附件的节点详图。

4.8.8 设备及主要材料表。

应列出设备及主要材料的名称、性能参数、单位和数量、备用情况等，对锅炉设备应注明锅炉效率。

4.8.9 计算书。

1 锅炉房的计算包括以下内容：

1）热负荷计算。

2）主要设备选型计算。

3）管道的管径及水力计算。

4）管道固定支架的推力计算。

5）汽、水、电、燃料的消耗量计算。

6）炉渣量的计算。

7）煤、渣、油等的场地计算。

注：小型锅炉房可简化计算。

2 其他动力站房计算包括以下内容：

1）各种介质的负荷计算。

2）设备选型计算。

3）管道的管径及水力计算。

3 室内管道计算包括以下内容：

1）绘计算草图并作管径及水力计算。

2）附件选型计算。

3）高温介质时管道固定支架的推力计算。

注：当系统较简单时，可在计算草图上注明计算数据不另作计算书。

4 室外管网计算包括以下内容：

1）绘计算草图，并作管径及水力计算。

2）根据水力计算绘制水压图。

3）调压装置的选型计算。

4）架空敷设及地沟敷设管道的不平衡支架的受力计算。

5）应包括工程所在省、市有关部门要求的节能设计、绿色建筑设计、安全、环保等计算内容。

6）直埋敷设时管道对固定墩的推力计算。

7）管道的热膨胀计算和补偿器的选择计算。

8）直埋供热管道若作预处理时，预拉伸、预热等计算。

注：管网简单时可简化计算。

4.9 预　　算

4.9.1　施工图预算文件包括封面、签署页（扉页）、目录、编制说明、建设项目总预算表、单项工程综合预算表、单位工程预算书。

4.9.2　封面、签署页（扉页）、目录，参照第4.1.2条。

4.9.3　预算编制说明

1　工程概括：简述建设项目的建设地点、设计规模、建设性质（新建、扩建或改建）和项目主要特征等。

2　编制依据：

1）设计图纸及批准的工程概算。

2）国家和地方政府有关建设和造价管理的法律、法规和规程。

3）当地和主管部门现行的预算定额（或综合预算定额）、单位估价表和有关费用规定的文件等。

4）当地现行的建设工程价格信息。

5）建设单位提供的有关预算的其他资料。

6）有关文件、合同、协议等。

7）建设场地的自然条件和施工条件。

3　预算编制范围。

4　其他特殊问题的说明。

5　技术经济指标。

4.9.4　建设项目总预算表

建设项目总预算表由各单项工程综合预算组成。

4.9.5　单项工程综合预算表

单项工程综合预算表由各单位工程预算汇总组成。

4.9.6　单位工程预算书

单位工程预算书的内容及编制要求参照第 3.10.7 条。

5 专项设计

5.1 建筑幕墙设计

5.1.1 本节规定适用于建筑幕墙中的玻璃幕墙、金属幕墙、石材幕墙等工程的设计。其他类型幕墙的设计可参照本节规定执行。

5.1.2 建筑幕墙工程设计一般按初步设计和施工图设计两个阶段进行。

5.1.3 在初步设计阶段，幕墙设计文件包括设计说明书、设计图纸、力学计算书，其编排顺序为：封面、扉面、目录、设计说明书、设计图纸、力学计算书。

1 封面：写明项目名称、编制单位、编制年月。

2 扉页：写明编制单位法定代表人、技术总负责人、项目总负责人的姓名，并经上述人员签署或授权盖章。

3 设计文件目录。

4 设计说明书。

1）工程概况：包括工程地点、工程建设单位、建筑设计单位、主体结构形式、幕墙工程概述、幕墙结构设计使用年限。

2）设计依据：建设单位提供的建筑、结构设计文件、风洞试验报告（若有）、所执行的主要法规和采用的主要标准（包括标准的名称、编号、年号和版本号）。

3）主要荷载（作用）取值：竖向荷载、风荷载、活荷载、地震作用。

4）主要材料：包括铝型材、钢材、石材、玻璃、金属板、人造板材、五金材料、密封材料等的主要物理性能参数及技术要求。

5）设计指标：包括幕墙的抗风压性能、水密性能、气密性能、综合传热系数、遮阳系数、可见光反射比等热工和光学指标要求、防火、防雷等级及做法，可开启面积比的控制值的说明。

6）幕墙结构形式描述，相关设备对幕墙的使用要求。

5 设计图纸。

1）平面图：主要包括主要轴线、主体结构柱、梁等的轮廓线及幕墙边缘轮廓线、标明幕墙编号、幕墙平面所在层数、标高等关键信息。

2）立面图：主要包括主要立面、主要控制轴线编号、主要立面分格尺寸、各楼层及建筑顶底标高、立面分格与楼层标高之间的控制尺寸、开启窗位置、消防逃生窗的位置等、幕墙类型、幕墙材料、有关大样索引。

3）剖面图：主要包括幕墙表面弧度、转折等定位尺寸、与主体结构之间的关系、不同幕墙类型之间的关系、与内部装饰之间的关系、剖切位置的轴线号、有关节点详图索引。

4）大样图：反映主要幕墙系统局部立面。

5）节点构造图：反映主要幕墙系统的构造作法、装配关系、外形尺寸和与主体结构的连接方式及相互关系。

6 力学计算书。

1）主要类型幕墙的力学计算。

2）各类型幕墙的支反力。

5.1.4 在施工图设计阶段，幕墙设计文件包括设计说明书、设计图纸、计算书，其编排顺序为：封面、扉面、目录、设计说明书、设计图纸、计算书。

1 封面：写明项目名称、编制单位、编制年月。

2 扉页：写明编制单位法定代表人、技术总负责人、项目总负责人的姓名，并经上述人员签署或授权盖章。

3 设计文件目录。

4 设计说明书。

1）工程概况。

① 工程名称、工程地点、工程建设单位、建筑设计单位、建设监理单位（如确定）；建筑物栋数、幕墙顶标高、建筑层数、幕墙面积、主要幕墙类型描述等；幕墙结构设计使用年限。

② 主体结构形式。

2）设计依据。

① 建设单位提供的建筑、结构、节能等的设计文件。

② 风洞试验报告（若有）。

③ 本专业设计所执行的主要法规和采用的主要标准（包括标准的名称、编号、年号和版本号）。

3）建筑所在地的基本风压值、雪荷载值、地震设防烈度、地面粗糙度。

4）主要材料。

① 主要材料应说明材质、规格、主要物理性能参数及技术要求。

② 选用的新材料，则必须在图纸中详细注明该材料的技术要求。

5）主要性能指标。

包括幕墙的抗风压性能、水密性能、气密性能、平面内变形性能、综合传热系数、遮阳系数、可见光反射比等热工和光学指标要求，以及可开启面积比的控制值；明确幕墙的隔声、耐撞击、承重力等幕墙相关规范规定的幕墙性能指标要求。

6）防火设计。

7）防雷设计。

8）预埋件或后置埋件要求。

9）设计对施工工艺的要求。

10）幕墙使用及维护要求。

5 设计图纸。

1）平面图。

① 标注出建筑轴线，主体结构柱位置、主体边梁及与幕墙相关的结构梁的轮廓线及清晰的幕墙边缘轮廓线。

② 注明主要建筑功能的平面布局、房间使用功能等与幕墙相关的信息。

③ 详细标注轴线总尺寸、轴线间尺寸、幕墙外轮廓尺寸、门窗或洞口尺寸等。

④ 表示幕墙平面所在层数、标高等关键信息，对于标准层平面可共用一张平面图，但须表明层次范围与标高。

⑤ 标注幕墙平面分格尺寸、幕墙与主体结构的定位关系，标注出轴线、柱、结构梁、主要坐标控制点等位置的控制尺寸。

⑥ 图纸名称、比例。

2）立面图。

① 应绘制所有幕墙立面图，标注主要幕墙材料名称、材质及规格（或代号）。

② 立面图应标明两端轴线编号和主要控制轴线编号。

③ 立面转折较多且造型复杂的立面，应绘制立面展开图，在转折位置应注明转折线及转折角度等信息，并准确注明转角处或关键部位的轴线与立面交接的位置。

④ 应反映各幕墙系统的立面分格、开启窗位置、通风百叶窗位置、消防逃生窗的位置、清洗辅助装置位置等。

⑤ 应反映立面外轮廓线及突出幕墙的雨篷、格栅、装饰条等的轮廓位置。

⑥ 应准确标注建筑总高度、楼层位置辅助线、楼层数和标高以及关键控制标高。

⑦ 可根据复杂性，必要时另附立面图的大样索引图。

⑧ 图纸名称、比例。

3）剖面图。

① 剖视位置应选在层高不同、层数不同、内外部空间比较复杂、具有代表性的部位；建筑空间局部不同处以及平面、立面均表达不清的部位，可绘制局部剖面。

② 应准确绘制幕墙、墙、柱、轴线、轴线编号等信息。

③ 应准确标注建筑总高度、楼层位置辅助线、楼层数和标高以及关键控制标高。

④ 节点详图索引。

⑤ 图纸名称、比例。

4）局部大样图。

① 包括各类幕墙系统的局部大样；防火分区、变形缝区、转角等重要部位的局部大样；复杂立面根据需要可全部展开局部大样。

② 局部大样图应包含局部立面展开图、局部的平面图、墙身详图。

③ 应准确绘制幕墙的平立面分格，标注幕墙材料名称、材质及规格（或代号）。

④ 应准确标注幕墙的外形尺寸、与主体结构的关系尺寸、与轴线及建筑层高的定位尺寸，异形幕墙可由空间坐标尺寸定位。

⑤ 节点详图索引。

⑥ 图纸名称、比例。

5）节点详图。

① 包含不限于各类幕墙系统节点构造、幕墙与主体结构连接的节点详图，不同幕墙的交接处的节点详图，上下收口、阴阳转接处节点详图，开启窗、百叶窗的节点详图，幕墙防火、防雷节点详图，变形缝构造节点详图等，复杂部位宜以三维图补充表达构造细部。

② 标注各部件外形尺寸、主要的装配尺寸及定位控制尺寸，标注材料名称、材质及规格（或代号）。

③ 图纸名称、比例。

6）型材截面图。

① 主要铝合金型材的外形尺寸、厚度尺寸。

② 注明铝合金型材的密度、材质及表面处理方式。

③ 图纸名称、比例。

7）计算书。

① 幕墙计算书包含结构计算书和节能计算书两部分。

② 幕墙结构计算结果应准确并满足规范各项限值的要求，内容应完整齐全，条理分明，各项计算应列出计算步骤，计算书中的文字和图表要清晰明了，计算书应整理成册。

③ 结构计算书中，应相应绘出幕墙计算单元示意图、计算简图，型材截面列出起控制作用部位的荷载取值及荷载或内力组合值。

④ 可采用软件进行分析计算。在设计计算书中注明所采用计算程序的名称、版本号等信息。

⑤ 设计计算书应校审，并由设计、校对、审核人（必要时包括审定人）在计算书封面上签字，作为技术文件进行审查和归档。

5.2 基坑与边坡工程设计

5.2.1 在初步设计阶段，深基坑专项设计文件中应有设计说明、设计图纸。

5.2.2 基坑工程设计说明应包括以下内容。

1 工程概况。

2 设计依据。

1）建筑用地红线图、场地地形图及地下工程建筑初步设计和结构初步设计图。

2）场地岩土工程（初勘）勘察报告。

3）基坑周边环境资料。

4）建设单位提出的与基坑有关的符合有关标准、法规以及甲方特殊约定的书面要求。

5）本专业设计所执行的主要法规和所采用的主要标准（包括标准的名称、编号、年号和版本号）。

6）基坑支护设计使用年限。

3 基坑分类等级。

1）基坑设计等级。

2）基坑支护结构安全等级。

4 主要荷载（作用）取值。

1）土压力、水压力。

2）基坑周边在建和已有的建（构）筑物荷载。

3）基坑周边施工荷载和材料堆载。

4）基坑周边道路车辆荷载。

5 设计计算软件：基坑设计计算所采用的程序名称和版本号。

6 基坑设计选用主要材料要求。

1）混凝土强度等级。

2）钢筋、钢绞线、型钢等材料的种类、牌号和质量等级及所对应的产品标准，各种钢材的焊接方法及对所采用的焊材的要求。

3）水泥型号、等级。

7 支护方案的比选和技术经济比较。

8 地下水控制设计。

9 施工要点。

10 基坑的监测要求。

11 支护结构质量的检测要求。

12 基坑的应急预案。

13 对基坑周边环境影响的评估。

5.2.3 设计图纸应包括以下内容。

1 基坑周边环境图。

1）注明基坑周边地下管线的类型、埋置深度及管线与开挖线的距离。

2）注明基坑周边建（构）筑物结构形式、基础形式、基础埋深和周边道路交通负载量。

3）注明地下室外墙线与红线、基坑开挖线及周边构筑物的关系。

2 基坑周边地层展开图。

3 基坑平面布置图。

1）绘制支护结构与主体结构基础边线的位置关系、支护计算分段等。

2）绘制内支撑的定位轴线和内支撑位置，标注必要的定位尺寸。

3）绘制支护体系的支护类型。

4 主要的基坑剖面图和立面图。

5 支撑平面布置图。

6 基坑降水（排水）平面布置图、降水井构造图。

7 基坑监测点平面布置图。

5.2.4 在施工图阶段，基坑支护设计文件应包括设计说明、设计施工图纸和计算书。

5.2.5 基坑施工图设计说明应包括以下内容。

1 工程概况。

2 设计依据。

1）建筑用地红线图、场地地形图及地下工程建筑施工图和结构施工图。

2）场地岩土工程详细勘察报告。

3）基坑周边环境资料。

4）建设单位提出的与基坑有关的符合有关标准、法规的书面要求。

5）设计所执行的主要法规和主要标准（包括标准的名称、编号、年号和版本号）。

6）基坑支护设计使用年限。

3 工程地质与水文地质条件。

1）岩土工程条件。

2）工程勘察报告中用于基坑设计的各岩土层的物理力学指标。

3）水文地质参数。

4 基坑分类等级。

1）基坑设计等级。

2）基坑支护结构安全等级。

5 主要荷载（作用）取值。

1）土压力、水压力。

2）基坑周边在建和已有的建（构）筑物荷载。

3）基坑周边施工荷载和材料堆载。

4）基坑周边道路车辆荷载。

6 设计计算程序：基坑设计计算所采用的程序名称和版本号。

7 基坑设计选用主要材料要求。

1）混凝土强度等级、防水混凝土的抗渗等级的基本要求。

2）钢筋、钢绞线、型钢等材料的种类、牌号和质量等级及所对应的产品标准，各种钢材的焊接方法及对所采用的焊材的要求。

3）水泥型号、等级。

8 地下水控制设计。

9 基坑施工要点及应急抢险预案。

1）土方开挖方式、开挖顺序、运输路线、分层厚度、分段长度、对称均匀开挖的必要性。

2）施工注意事项，施工顺序应与支护结构的设计工况相一致。

3）根据基坑设计及地质资料对施工中可能发生的情况变化分析说明，制定切实可行的应急抢险方案。

10 基坑监测要求：说明监测项目、监测方法、监测频率和允许变形值及报警值。

11 支护结构质量检测要求。

5.2.6 基坑设计施工图应包括以下内容：

1 基坑周边环境图。

1）注明基坑周边地下管线的类型、埋置深度与截面尺寸以及管线与开挖线的距离。

2）注明基坑周边建（构）筑物结构形式、基础形式、基础埋深和周边道路交通负载量。

3）注明地下室外墙线与红线、基坑开挖线及周边建（构）筑物的关系。

2 基坑周边地层展开图。

3 基坑平面布置图。

1）绘制支护结构与主体结构基础边线的位置关系，标注支护结构计算分段。

2）绘制内支撑和立柱的定位轴线，标注必要的定位尺寸、支撑截面尺寸，并标注内支撑梁面标高。

4 基坑支护结构剖面图和立面图。

5 支撑平面布置图。

有换撑时，应提供换撑平面图：注明换撑材料和做法，有后浇带时应注明后浇带换撑做法。

6 构件详图。

7 基坑监测布置图：注明监测点位置和监测要求。

8 基坑降水（排水）平面图。

注明降水井的平面位置、降水井数量和单井出水量，降水井和观测井、排水沟和集水坑大样图。

9 其他图纸（必要时提供）。

1）预埋件。应绘制其平面、侧面或剖面，注明尺寸、钢材和锚筋的规格、型号、性能和焊接要求。

2）栈桥结构图。应绘制栈桥平面布置图、纵剖面、横剖面和构件大样。

3）土方开挖图。应绘制基坑出土顺序和出土走向。

4）施工工序流程图。

5.2.7 施工图阶段的计算书，应包含以下内容：

1 说明主要计算内容。

2 应注明所采用的计算软件名称、代号和版本。

3 应注明各技术参数及其取值依据，列出计算公式，给出计算结果；软件计算应注明原始输入数据、打印计算成果。

4 计算书整理成册后并签字盖章。

5.3 建筑智能化设计

5.3.1 智能化专项设计根据需要可分为方案设计、初步设计、施工图设计及深化设计四个阶段。

1 方案设计、初步设计、施工图设计各阶段设计文件编制深度应符合1.0.5的要求。

2 深化设计应满足设备材料采购、非标准设备制作、施工和调试的需要。

3 设计单位应配合深化设计单位了解系统的情况及要求，审核深化设计单位的设计图纸。

5.3.2 方案设计文件。

1 在方案设计阶段，建筑智能化设计文件应包括设计说明书、系统造价估算。

2 设计说明书。

1）工程概况：

①应说明建筑类别、性质、功能、组成、面积（或体积）、层数、高度以及能反映建筑规模的主要技术指标等。

②应说明本项目需设置的机房数量、类型、功能、面积、位置要求及指标。

2）设计依据：

①建设单位提供有关资料和设计任务书。

②设计所执行的主要法规和所采用的主要标准（包括标准的名称、编号、年号和版本号）。

3）设计范围：本工程拟设的建筑智能化系统，内容一般应包括系统分类、系统名称，表述方式应符合《智能建筑设计标准》GB 50314层级分类的要求和顺序。

4）设计内容：内容一般应包括建筑智能化系统架构，各子系统的系统概述、功能、结构、组成以及技术要求。

5.3.3 初步设计文件

1 在初步设计阶段，建筑智能化设计文件一般应包括图纸目录、设计说明书、设计图纸。

2 图纸目录。

应按图纸序号排列，先列新绘制图纸，后列选用的重复利用图和标准图。先列系统图，后列平面图。

3 设计说明书。

1）工程概况：见第5.3.2条方案设计。

2）设计依据：

①已批准的方案设计文件（注明文号说明）。

②建设单位提供有关资料和设计任务书。

③本专业设计所采用的设计所执行的主要法规和所采用的主要标准（包括标准的名

称、编号、年号和版本号）。

　　④ 工程可利用的市政条件或设计依据的市政条件。

　　⑤ 建筑和有关专业提供的条件图和有关资料。

　　3）设计范围：见第5.3.2条方案设计。

　　4）设计内容：各子系统的功能要求、系统组成、系统结构、设计原则、系统的主要性能指标及机房位置。

　　5）节能及环保措施。

　　6）相关专业及市政相关部门的技术接口要求。

　　4　设计图纸。

　　1）封面、图纸目录、各子系统的系统框图或系统图。

　　2）智能化技术用房的位置及布置图。

　　3）系统框图或系统图应包含系统名称、组成单元、框架体系、图例等。

　　4）图例应注明主要设备的图例、名称、规格、单位、数量、安装要求等。

　　5　系统概算。

　　1）确定各子系统规模。

　　2）确定各子系统概算，包括单位、数量、系统造价。

5.3.4　施工图设计文件

　　1　工程概况。见第5.3.3条初步设计。

　　2　智能化专业设计文件应包括封面、图纸目录、设计说明、设计图及点表。

　　3　图纸目录。见第5.3.3条初步设计。

　　4　设计说明。

　　1）工程概况：

　　① 应将经初步（或方案）设计审批定案的主要指标录入。

　　② 见第5.3.3条初步设计。

　　2）设计依据：

　　① 已批准的初步设计文件（注明文号或说明）。

　　② 见第5.3.3条初步设计。

　　3）设计范围：见第5.3.3条初步设计。

　　4）设计内容：应包括智能化系统及各子系统的用途、结构、功能、功能、设计原则、系统点表、系统及主要设备的性能指标。

　　5）各系统的施工要求和注意事项（包括布线、设备安装等）。

　　6）设备主要技术要求及控制精度要求（亦可附在相应图纸上）。

　　7）防雷、接地及安全措施等要求（亦可附在相应图纸上）。

　　8）节能及环保措施。

　　9）与相关专业及市政相关部门的技术接口要求及专业分工界面说明。

　　10）各分系统间联动控制和信号传输的设计要求。

11）对承包商深化设计图纸的审核要求。

12）凡不能用图示表达的施工要求，均应以设计说明表述。

13）有特殊需要说明的可集中或分列在有关图纸上。

5 图例。

1）注明主要设备的图例、名称、数量、安装要求。

2）注明线型的图例、名称、规格、配套设备名称、敷设要求。

6 主要设备及材料表。

分子系统注明主要设备及材料的名称、规格、单位、数量。

7 智能化总平面图。

1）标注建筑物、构筑物名称或编号、层数或标高、道路、地形等高线和用户的安装容量。

2）标注各建筑进线间及总配线间的位置、编号；室外前端设备位置、规格以及安装方式说明等。

3）室外设备应注明设备的安装、通信、防雷、防水及供电要求，宜提供安装详图。

4）室外立杆应注明杆位编号、杆高、壁厚、杆件形式、拉线、重复接地、避雷器等（附标准图集选择表），宜提供安装详图。

5）室外线缆应注明数量、类型、线路走向、敷设方式、人（手）孔规格、位置、编号及引用详图。

6）室外线管注明管径、埋设深度或敷设的标高，标注管道长度。

7）比例、指北针。

8）图中未表达清楚的内容可附图作统一说明。

8 设计图纸。

1）系统图应表达系统结构、主要设备的数量和类型、设备之间的连接方式、线缆类型及规格、图例。

2）平面图应包括设备位置、线缆数量、线缆管槽路由、线型、管槽规格、敷设方式、图例。

3）图中应表示出轴线号、管槽距、管槽尺寸、设计地面标高、管槽标高（标注管槽底）、管材、接口型式、管道平面示意，并标出交叉管槽的尺寸、位置、标高；纵断面图比例宜为竖向 1:50 或 1:100，横向 1:500（或与平面图的比例一致）。对平面管槽复杂的位置，应绘制管槽横断面图。

4）在平面图上不能完全表达设计意图以及做法复杂容易引起施工误解时，应绘制做法详图，包括设备安装详图、机房安装详图等。

5）图中表达不清楚的内容，可随图作相应说明或补充其他图表。

9 系统预算。

1）确定各子系统主要设备材料清单。

2）确定各子系统预算，包括单位、主要性能参数、数量、系统造价。

10 智能化集成管理系统设计图。

1）系统图、集成型式及要求。

2）各系统联动要求、接口型式要求、通信协议要求。

11 通信网络系统设计图。

1）根据工程性质、功能和近远期用户需求确定电话系统形式。

2）当设置电话交换机时，确定电话机房的位置、电话中继线数量及配套相关专业技术要求。

3）传输线缆选择及敷设要求。

4）中继线路引入位置和方式的确定。

5）通信接入机房外线接入预埋管、手（人）孔图。

6）防雷接地、工作接地方式及接地电阻要求。

12 计算机网络系统设计图。

1）系统图应确定组网方式、网络出口、网络互联及网络安全要求。建筑群项目，应提供各单体系统联网的要求。

2）信息中心配置要求。

注明主要设备图例、名称、规格、单位、数量、安装要求。

3）平面图应确定交换机的安装位置、类型及数量。

13 布线系统设计图。

1）根据建设工程项目的性质、功能和近期需求、远期发展确定布线系统的组成以及设置标准。

2）系统图、平面图。

3）确定布线系统结构体系、配线设备类型，传输线缆的选择和敷设要求。

14 有线电视及卫星电视接收系统设计图。

1）根据建设工程项目的性质、功能和近期需求、远期发展确定有线电视及卫星电视接收系统的组成以及设置标准。

2）系统图、平面图。

3）确定有线电视及卫星电视接收系统组成、传输线缆的选择和敷设要求。

4）确定卫星接收天线的位置、数量、基座类型及做法。

5）确定接收卫星的名称及卫星接收节目，确定有线电视节目源。

15 公共广播系统设计图。

1）根据建设工程项目的性质、功能和近期需求、远期发展确定系统设置标准。

2）系统图、平面图。

3）确定公共广播的声学要求、音源设置要求及末端扬声器的设置原则。

4）确定末端设备规格、传输线缆的选择和敷设要求。

16 信息导引及发布系统设计图。

1）根据建设工程项目的性质、功能和近期需求、远期发展确定系统功能、信息发布屏类型和位置。

2）系统图、平面图。

3）确定末端设备规格、传输线缆的选择和敷设要求。

4）设备安装详图。

17 会议系统设计图。

1）根据建设工程项目的性质、功能和近期需求、远期发展确定会议系统建设标准和系统功能。

2）系统图、平面图。

3）确定末端设备规格、传输线缆的选择和敷设要求。

18 时钟系统设计图。

1）根据建设工程项目的性质、功能和近期需求、远期发展确定子钟位置和形式。

2）系统图、平面图。

3）确定末端设备规格、传输线缆的选择和敷设要求。

19 专业工作业务系统设计图。

1）根据建设工程项目的性质、功能和近期需求、远期发展确定专业工作业务系统类型和功能。

2）系统图、平面图。

3）确定末端设备规格、传输线缆的选择和敷设要求。

20 物业运营管理系统设计图。

根据建设项目性质、功能和管理模式确定系统功能和软件架构图。

21 智能卡应用系统设计图。

1）根据建设项目性质、功能和管理模式确定智能卡应用范围和一卡通功能。

2）系统图。

3）确定网络结构、卡片类型。

22 建筑设备管理系统设计图。

1）系统图、平面图、监控原理图、监控点表。

2）系统图应体现控制器与被控设备之间的连接方式及控制关系。

3）平面图应体现控制器位置、线缆敷设要求，绘至控制器止。

4）监控原理图有标准图集的可直接标注图集方案号或者页次，应体现被控设备的工艺要求，应说明监测点及控制点的名称和类型，应明确控制逻辑要求，应注明设备明细表、外接端子表。

5）监控点表应体现监控点的位置、名称、类型、数量以及控制器的配置方式。

6）监控系统模拟屏的布局图。

7）图中表达不清楚的内容，可随图作相应说明。

8）应满足电气、供排水、暖通等专业对控制工艺的要求。

23 安全技术防范系统设计图。

1）根据建设工程的性质、规模确定风险等级、系统架构、组成及功能要求。

2）确定安全防范区域的划分原则及设防方法。

3）系统图、设计说明、平面图、不间断电源配电图。

4）确定机房位置、机房设备平面布局，确定控制台、显示屏详图。

5）传输线缆选择及敷设要求。

6）确定视频安防监控、入侵报警、出入口管理、访客管理、对讲、车库管理、电子巡查等系统设备位置、数量及类型。

7）确定视频安防监控系统的图像分辨率、存储时间及存储容量。

8）图中表达不清楚的内容，可随图作相应说明。

9）应满足电气、给排水、暖通等专业对控制工艺的要求。

注明主要设备图例、名称、规格、单位、数量、安装要求。

24 机房工程设计图。

1）说明智能化主机房（主要为消防监控中心机房、安防监控中心机房、信息中心设备机房、通信接入设备机房、弱电间）设置位置、面积、机房等级要求及智能化系统设置的位置。

2）说明机房装修、消防、配电、不间断电源、空调通风、防雷接地、漏水监测、机房监控要求。

3）绘制机房设备布置图，机房装修平面、立面及剖面图，屏幕墙及控制台详图，配电系统（含不间断电源）及平面图，防雷接地系统及布置图，漏水监测系统及布置图、机房监控系统系统及布置图、综合布线系统及平面图。

4）图例说明。

注明主要设备名称、规格、单位、数量、安装要求。

25 其他系统设计图。

1）根据建设工程项目的性质、功能和近期需求、远期发展确定专业工作业务系统类型和功能。

2）系统图、设计说明、平面图。

3）确定末端设备规格、传输线缆的选择和敷设要求。

4）图例说明：注明主要设备名称、规格、单位、数量、安装要求。

26 设备清单。

1）分子系统编制设备清单。

2）清单编制内容应包括序号、设备名称、主要技术参数、单位、数量及单价。

27 技术需求书。

1）技术需求书应包含工程概述、设计依据、设计原则、建设目标以及系统设计等内容。

2）系统设计应分系统阐述，包含系统概述、系统功能、系统结构、布点原则、主要设备性能参数等内容。

5.4 预制混凝土构件加工图设计

5.4.1 预制构件加工图设计文件。

1 图纸目录及数量表、设计说明。

2 合同要求的全部设计图纸。

3 与预制构件现场安装相关的施工验算。计算书不属于必须交付的设计文件，但应归档保存。

4 预制构件加工图由施工图设计单位设计，也可由其他单位设计，经施工图设计单位审核通过后方可实施。设计文件按本规定相关条款的要求编制并归档保存。

5.4.2 封面标识内容。

1 项目名称。

2 设计单位名称。

3 项目的设计编号。

4 设计阶段。

5 编制单位授权盖章。

6 设计日期（即设计文件交付日期）。

5.4.3 图纸目录

1 图纸目录应按图纸序号排列，先列新绘制图纸，后列通用图纸和标准图。

2 图纸目录中预制构件部分宜列出构件的所在楼栋、构件轮廓尺寸、构件数量、体积、重量、混凝土强度等级、构配件数量的相关参数。

5.4.4 设计说明

1 工程概况。

1）工程地点、结构体系。

2）预制构件的使用范围及预制构件的使用位置。

3）单体建筑所包含的预制构件类型。

4）工程项目外架采用的形式。

5）工程项目选用的模板体系。

2 设计依据。

1）构件加工图设计依据的工程施工图设计全称。

2）建设单位提出的与预制构件加工图设计有关的符合有关标准、法规的书面要求。

3）设计所执行的主要法规和所采用的主要标准（包括标准的名称、编号、年号和版本号）。

3 图纸说明。

1）图纸编号按照分类编制时，应有图纸编号说明。

2）预制构件的编号，应有构件编号及编号原则说明。

3）宜对图纸的功能及突出表达的内容作简要的说明。

4 预制构件设计构造。

1）预制构件的基本构造、材料基本组成。

2）标明各类构件的混凝土强度等级、钢筋级别及种类、钢材级别、连接的方式。

3）各类型构件表面成型处理的基本要求。

4）防雷接地引下线的做法。

5 预制构件主材要求。

1）混凝土：

①各类构件混凝土的强度等级，且应注明各类构件对应楼层的强度等级。

②预制构件混凝土的技术要求。

③预制构件采用特种混凝土的技术要求及控制指标。

2）钢筋：

① 钢筋种类、钢绞线或高强钢丝种类及对应的产品标准，有特殊要求单独注明。

② 各类构件受力钢筋的最小保护层厚度。

③ 预应力预制构件的张拉控制应力、张拉顺序、张拉条件、对于张拉的测试要求等。

④ 钢筋加工的技术要求及控制重点。

⑤ 钢筋的标注原则。

3）预埋件：

① 钢材的牌号和质量等级，以及所对应的产品标准；有特殊要求应注明对应的控制指标及执行标准。

② 预埋铁件的除锈方法及除锈等级以及对应的标准，有特殊用途埋件的处理要求（如埋件镀锌，及禁止锚筋冷加工等）。

③ 钢材的焊接方法及相应的技术要求。

④ 注明螺栓的种类、性能等级，以及所对应的产品标准。

⑤ 焊缝质量等级及焊缝质量检查要求。

⑥ 其他埋件应注明材料的种类、类别、性能、有耐久性要求的应标明使用年限，以及执行的对应标准。

⑦ 应注明埋件的尺寸控制偏差或执行的相关标准。

4）其他：

① 保温材料的规格、材料导热系数、燃烧性能等要求。

② 夹心保温构件、表面附着材料的构件，应明确拉接件的材料性能、布置原则、锚固深度，以及产品的操作要求；需要拉接件生产厂家补充的内容应明确技术要求，确定技术接口的深度。

③ 对钢筋采用套筒灌浆连接的套筒和灌浆料及钢筋浆锚搭接的约束筋和其采用的水泥基灌浆料提出要求。

6 预制构件生产技术要求。

1）应要求构件加工单位根据设计规定及施工要求编制生产加工方案，内容包括生产计划和生产工艺、模板方案和模板计划等。

2）模具的材料、质量要求、执行标准；对成型有特殊要求的构件宜有相应的要求或标准。面砖或石材饰面的材料要求。

3）构件加工隐蔽工程检查的内容或执行的相关标准。

4）生产中需要重点注意的内容、预制构件养护的要求或执行标准、构件脱模起吊的要求。

5）预制构件质量检验执行的标准，对有特殊要求的应单独说明。

6）预制构件成品保护的要求。

7 预制构件的堆放与运输。

1）应要求制定堆放与运输专项方案。

2）预制构件堆放的场地及堆放方式的要求。

3）构件堆放的技术要求与措施。

4）构件运输的要求与措施。

5）异形构件的堆放与运输应提出明确要求及注意事项。

8 现场施工要求。

1）预制构件现场安装要求

① 现浇部位预留埋件的埋设要求。

② 构件吊具、吊装螺栓、吊装角度的基本要求。

③ 安装人员进行岗前培训的基本要求。

④ 构件吊装顺序的基本要求（如先吊装竖向构件再吊装水平构件，外挂板宜从低层向高层安装等）。

2）预制构件连接。

① 主体装配的建筑中，钢筋连接用灌浆套筒、约束浆锚连接，以及其他涉及结构钢筋连接方式的操作要求，以及执行的相应标准。

② 装饰性挂板，以及其他构件连接的操作要求或执行的标准。

3）预制构件防水做法的要求。

① 构件板缝防水施工的基本要求。

② 板缝防水的注意要点（如密封胶的最小厚度、密封胶对接处的处理等）。

5.4.5 设计图纸

1 预制构件平面布置图。

1）绘制轴线，轴线总尺寸（或外包总尺寸），轴线间尺寸（柱距、跨距）、预制构件与轴线的尺寸、现浇带与轴线的尺寸、门窗洞口的尺寸；当预制构件种类较多时，宜分别绘制竖向承重构件平面图、水平承重构件平面图、非承重装饰构件平面图、屋面层平面图、预埋件平面布置图；预制构件部分与现场后浇部分应采用不同图例表示。

2）竖向承重构件平面图应标明预制构件（剪力墙内外墙板、柱、PCF板）的编号、数量、安装方向、预留洞口位置及尺寸、转换层插筋定位、楼层的层高及标高、详图索引。

3）水平承重构件平面图应标明预制构件（叠合板、楼梯、阳台、空调板、梁）的编号、数量、安装方向、楼板板顶标高、叠合板与现浇层的高度、预留洞口定位及尺寸、机电预留定位、详图索引。

4）非承重装饰构件平面图应标明预制构件（混凝土外挂板、空心条板、装饰板等）的编号、数量、安装方向、详图索引。

5）屋面层平面与楼层平面类同。

6）埋件平面布置图应标明埋件编号、数量、埋件定位、详图索引。

7）复杂的工程项目，必要时增加局部平面详图。

8）选用图集节点时，应注明索引图号。

9）图纸名称、比例。

2　预制构件装配立面图。

1）建筑两端轴线编号。

2）各立面预制构件的布置位置、编号、层高线。复杂的框架或框剪结构应分别绘制主体结构立面及外装饰板立面图。

3）埋件布置在平面中表达不清的，可增加埋件立面布置图。

4）图纸名称、比例。

3　模板图。

1）绘制预制构件主视图、俯视图、仰视图、侧视图、门窗洞口剖面图，主视图依据生产工艺的不同可绘制构件正面图，也可绘制背面图。

2）标明预制构件与结构层高线或轴线间的距离，当主要视图中不便于表达时，可通过缩略示意图的方式表达。

3）标注预制构件的外轮廓尺寸、缺口尺寸、看线的分布尺寸、预埋件的定位尺寸。

4）各视图中应标注预制构件表面的工艺要求（如模板面、人工压光面、粗糙面），表面有特殊要求应标明饰面做法（如清水混凝土、彩色混凝土、喷砂、瓷砖、石材等），有瓷砖或石材饰面的构件应绘制排版图。

5）预留埋件及预留孔应分别用不同的图例表达，并在构件视图中标明埋件编号。

6）构件信息表应包括构件编号、数量、混凝土体积、构件重量、钢筋保护层、混凝土强度。

7）埋件信息表应包括埋件编号、名称、规格、单块板数量。

8）说明中应包括符号说明及注释。

9）注明索引图号。

10）图纸名称、比例。

4 配筋图。

1）绘制预制构件配筋的主视图、剖面图，当采用夹心保温构件时，应分别绘制内叶板配筋图、外叶板配筋图。

2）标注钢筋与构件外边线的定位尺寸、钢筋间距、钢筋外露长度。钢筋连接用套灌浆套筒、浆锚搭接约束筋及其他钢筋连接用预留必须明确标注尺寸及外露长度，叠合类构件应标明外露桁架钢筋的高度。

3）钢筋应按类别及尺寸不同分别编号，在视图中引出标注。

4）配筋表应标明编号、直径、级别、钢筋加工尺寸、单块板中钢筋重量、备注。需要直螺纹连接的钢筋应标明套丝长度及精度等级。

5）图纸名称、比例、说明。

5 通用详图。

1）预埋件图。

① 预埋件详图。绘制内容包括材料要求、规格、尺寸、焊缝高度、套丝长度、精度等级、埋件名称、尺寸标注。

② 埋件布置图。表达埋件的局部埋设大样及要求，包括埋设位置、埋设深度、外露高度、加强措施、局部构造做法。

③ 有特殊要求的埋件应在说明中注释。

④ 埋件的名称、比例。

2）通用索引图。

① 节点详图表达装配式结构构件拼接处的防水、保温、隔声、防火、预制构件连接节点、预制构件与现浇部位的连接构造节点等局部大样图。

② 预制构件的局部剖切大样图、引出节点大样图。

③ 被索引的图纸名称、比例。

6 其他图纸。

1）夹心保温墙板应绘制拉接件排布图，标注埋件定位尺寸。

2）不同类别的拉接件应分别标注名称、数量。

3）带有保温层的预制构件宜绘制保温材料排版图，分块编号，并标明定位尺寸。

7 计算书。

1）预制构件在翻转、运输、存储、吊装和安装定位、连接施工等阶段的施工验算。

2）固定连接的预埋件与预埋吊件、临时支撑用预埋件在最不利工况下的施工验算。

3）夹心保温墙板拉接件的施工及正常使用工况下的验算。

《建筑工程设计文件编制深度规定》

条文说明

1 总 则

1.0.2 本规定的适用范围根据"建设部令第 160 号"《建设工程勘察设计资质管理规定》和"建市〔2007〕86 号"《工程建设设计资质标准》中规定的建筑行业（建筑工程）设计资质的允许承接业务范围确定，包括"建设部令第 160 号"第三十八条和"建市〔2007〕86 号"附件 3-21-1 中规定的除景观设计、室内外环境设计及建筑装饰设计以外的所有内容。

1.0.3 民用建筑工程的方案设计文件用于办理工程建设的有关手续，施工图设计文件用于施工，都是必不可少的。初步设计文件用于审批（包括政府主管部门和/或建设单位对初步设计文件的审批）；若无审批需求，初步设计文件也无出图的必要。因此，对于无审批需求的建筑工程，经有关主管部门同意，并且合同中有不作初步设计的约定，可在方案设计审批后直接进入施工图设计。在此情况下方案设计文件的深度满足第 2 章的要求即可。

1.0.5-3 将项目分别发包给几个设计单位或实施设计分包，通常包括建筑主体由一个单位设计，而幕墙、室内装修、局部钢结构构件、某项设备系统等内容由其他单位承担设计的情况。在这种情况下，一方的施工图设计文件将成为另一方施工图设计的依据，且各方的设计文件可能存在相互关联之处。作为设计依据，相关内容的设计文件编制深度应满足有关承包方或分包方的需要。

1.0.8 所谓"合理的取舍"，是指当设计合同规定的设计内容或设计范围少于本规定对于设计深度要求的内容时，可不执行本规定的相关条款。例如，某工程施工图设计合同规定的设计内容或范围不包括采暖通风与空气调节设计、热能动力设计和预算编制时，该工程设计可不执行本规定第 4.7 节、4.8 节和第 4.9 节的所有条款；合同规定的设计内容或设计范围所涉及的本规定条款，只能取不能舍。

1.0.9 对于某些设计内容，如空调循环冷却水系统、柴油发电机等，不同的设计单位可能由不同的专业承担设计。对此本规定不作限制。有的设计单位多个专业由一人完成，各专业设计内容在一张图上表示，给行业管理、审图、造价、施工等造成不便，所以要求按国家有关专业分工的规定各专业分别出图。

但不论哪个专业承担这些内容的设计，其设计文件深度应符合本规定要求。

1.0.10 此条依据现行的《中华人民共和国建筑法》第五十六条、国务院279号令《建设工程质量管理条例》第二十二条和国务院662令《建设工程勘察设计管理条例》第二十七条的相关要求制定。

1998年颁布的《中华人民共和国建筑法》第五十六条规定：建筑工程的勘察设计单位必须对其勘察、设计的质量负责。勘察、设计文件应当符合有关法律、行政法规的规定和建筑工程质量、安全标准、建筑工程勘察、设计技术规范以及合同的约定。设计文件选用的建筑材料、建筑构配件和设备，应当注明其规格、型号、性能等技术指标，其质量要求必须符合国家规定的标准。

2000年颁布的国务院279号令《建设工程质量管理条例》第二十二条规定：设计单位在设计文件中选用的建筑材料、建筑构配件和设备，应当注明规格、型号、性能等技术指标，其质量要求必须符合国家规定的标准。除有特殊要求的特殊材料、专用设备、工艺生产线等外，设计单位不得指定生产商、供应商。

2000年颁布的国务院662令《建设工程勘察设计管理条例》第二十七条规定：设计文件中选用的材料、构配件、设备，应当注明其规格、型号、性能等技术指标，其质量要求必须符合国家规定的标准。除有特殊要求的特殊材料、专用设备、工艺生产线等外，设计单位不得指定生产商、供应商。

《深度规定》编制过程中调研了解到，设计文件标注型号起到了提供设计选型的参考档次、造价估算依据以及设计参数指标表达的作用，建设方应根据《中华人民共和国招标投标法》、项目的建设程序，以及设计文件所提供的规格、型号、性能技术指标等参数，招标选择相应产品的生产商、供应商。编制组也注意到，《中华人民共和国建筑法》以及国务院第279号、第662号令所作的"……设计单位不得指定生产商、供应商"规定的重要性，认为这是设计院自身管理的范畴，在此予以强调。

1.0.11 工程设计专项资质常用内容如下：建筑装饰工程、建筑智能化系统设计、建筑幕墙工程、基坑工程、轻型房屋钢结构工程、风景园林工程、消防设施工程、环境工程、照明工程。

2 方案设计

2.1.1-2 一般工程在方案设计阶段的设计文件包括设计说明书（含各专业设计说明及投资估算的内容）和总平面、建筑设计图纸。但是在北方寒冷地区有大型区域锅炉集中供热工程，也属于民用建筑的配套工程。有的一个锅炉房供热面积达700多万平方米。因此对这样规模大的工程，就应该作多方案比较，绘制必要的图纸，甚至在建设单位的要求下要作投资估算（由热能动力本专业作一个简单的报价即可）。对于大型区域集中供热锅炉房（两台14MW或单台29MW以上的热水锅炉房），主要图纸应有主要设备平面布置图及主要设备表、工艺系统图、工艺管网平面布置图等。

2.2.1、2.3.1 在已颁发的《城市规划基本术语标准》GB/T 50280、《城市用地分类与规划建设用地标准》GB 50137、《城市居住区规划设计规范》GB 50180 及《民用建筑设计通则》GB 50352、《总图制图标准》GB/T 50103 等标准中，有关技术经济指标名称及部分术语并不统一。本规定依据下述原则选用：凡《城市规划基本术语标准》中已规定者，均按其执行（下列术语后所引条款号均为该标准的条款号）；该标准未规定者，尽量与近年编制的标准相一致，并力求准确。例如：

1　容积率（第5.0.9条）

一定地块内总建筑面积与建筑用地面积的比值。计算建筑物的总建筑面积时，通常不包括±0.00以下地下建筑面积。

注：地下、架空层是否记入总建筑面积按各地行政主管部门的规定办理（《民用建筑设计通则》GB 50352—2005 第2.0.11条说明）。

2　建筑密度（第5.0.10条）

一定地块内所有建筑物的基底总面积占总用地面积的比例（％）。

3　公共绿地（第4.13.3条，参照第4.3.9条）

向公众开放，有一定游憩设施的绿化用地，包括其范围内的水域。

4　绿地总面积

一定地块内各类绿地面积的总和，包括公共绿地、建筑物所属绿地、道路绿地、水域等。不包括屋顶、晒台、墙面及室内的绿化。

注：生态停车场面积折算绿地面积的比例按各地规定执行。

5　绿地率（第5.0.18条）

一定地块内绿地总面积占总用地面积的比例（％）。

6　道路广场总面积（参照第4.3.7条）

一定地块内道路、广场、停车场用地面积的总和。

7　建筑控制线。（《民用建筑设计通则》GB 50352—2005 第2.0.9条）

有关法规或详细规划确定的建筑物、构筑物的基底位置不得超出的界线。

8　建筑坐标

原称施工坐标。

2.2.1-6　项目设计规模等级应按照《工程设计资质标准》（建市〔2007〕86号）确定。项目设计规模等级一般分为大型、中型、小型等三个等级。建筑行业建设项目设计规模等级划分见《工程设计质标标准》附件3-21-1、3-21-2。

2.2.2-1　"等方面"包括灾害地区或地段应有防灾设计，如地震区要考虑避难场地的设置。

2.2.3　建筑进行绿色设计是坚持可持续发展理念，大力发展低碳经济，在建筑行业推行绿色建筑的发展的需要。根据《民用建筑绿色设计规范》JGJ/T 229 的要求，当项目设计为绿色建筑时，需要编制绿色设计专篇。

2.2.4-1　"特殊结构及造型"是指：结构转换层、连体结构、特殊的立面或屋面形状等。

2.2.4-2 "建设单位提出的与结构有关的符合有关法规、标准的书面要求"是指：主体结构设计使用年限、人防地下室抗力等级、特殊的功能要求（如放射线防护要求）、特殊的活荷载（如大型会展中心）、特殊的吊挂荷载及设备荷载、特殊的抗震要求（如隔震或消能减震）等。

2.2.5 建筑电气的设计内容以往俗称"强电"、"弱电"，我国实行的"建筑电气注册工程师"制度，并无"强电"、"弱电"之分，统称为建筑电气。近年来，建筑电气专业领域越来越普遍用"智能化"这个称呼替代原来的"弱电"这个称呼，因此此次修编将原来的"弱电"均改称为"智能化"。

智能化专项设计不同于建筑电气设计中所包含的智能化设计，智能化专项设计是依托建筑电气及其他相关专业，针对智能化、信息化应用的更高需求的设计，类似于装修设计与建筑设计的关系。一栋智能建筑没有智能化专项设计是无法胜任其所承担的建筑智能功能的。但是，我国从南到北、从东到西的地域（建设方、智能化专项设计方、施工方等）差别很大，所有的项目都要求建设方一开始就委托智能化专项设计介入是不现实的。因此在方案设计阶段，由建筑电气的智能化设计对智能化专项设计提出要求是合适的，也是可行的，后期智能化专项设计介入后再对其设计内容作进一步的完善和细化。建筑电气设计与建筑电气的其他专项设计的关系也是如此。

智能化专项等专项设计是不同于常规的建筑电气设计的内容，在方案说明中，应说明其设计内容，提供业主及有关部门审核、审查，最后决定取舍。

方案设计阶段，一般只提供建筑电气设计说明，该说明应能表述该建筑需要强调的项目概况和电气系统基本情况，以及对城市公用事业（包括供电、信息系统）的基本要求，同时应明确该建筑的电气设施，将可能对环境造成的影响内容，提供有关部门审查。

2.2.5-2 火灾自动报警系统等电气消防系统的设计内容在此款中描述。

2.2.5-4 智能化各系统及其子系统是建筑电气设计内容中相对独立的一部分，其设计内容及初步方案应在方案设计阶段予以说明。

2.2.5-7 由于建筑电气的智能化专项设计等各项专项设计本身的专业性较强，且与建筑的专业业务类型密切相关。在方案设计阶段，建筑电气专业就应提出建筑电气各项专项设计的内容，提请建设方委托具有专业设计资质的设计单位，通过专项设计方式完成设计，建设方可根据自身业务需要决定设计内容。

2.2.5-8 由于智能化本身的专业性较强，且智能化设置的要求与建筑的专业业务类型密切相关。在方案设计阶段，建筑电气专业就应提出建筑智能化专项设计的内容，提请建设方委托具有专业设计资质的设计单位，通过专项设计方式完成智能化设计，建设方可根据自身业务需要决定设计内容。

2.2.6 给水排水专业方案设计说明，简述本专业设计的系统，给出主要设计参数，并配合其他专业确定设备用房、主要管井等，不可漏项。涉及专项设计内容时给出设计分界，特别需强调的如绿色建筑、海绵城市等内容时，适当细化。

3 初步设计

3.1.1-1 为了确保设计文件中各专业内容的完整性，避免设计文件中有关内容的重复，本规定不要求初步设计文件单列某些专门内容（如消防、环保、节能等内容）的综合专篇，但有关专业的设计文件（如设计说明），应有上述内容专门章节。

3.1.1-5 有关专业计算书是内部作业文件，当主管部门组织设计文件审查要求提供计算书时，应按要求提供相关的计算书。

3.3.2 同 2.2.1 条文说明。

3.3.2-3-1） "等要求"包括灾害地区或地段应有防灾设计，如地震区要考虑避难场地的设置。

3.4.2-5 具有专项设计资质的专业公司完成的专项设计应该符合自身的国家和地方的规范标准及规定，满足主体建筑设计方提出的技术要求，同时满足建筑的风格与效果要求。

3.4.2-6 当某些特定项目因功能要求造成部分消防设计无法满足规范要求时，须加以说明，并可能需要进行相应的消防性能化设计。

3.5.2-1-2）、3.5.2-2-6） 分别同 2.2.4-1、2.2.4-2 条文说明。

3.5.2-4-5） 提供温度作用计算参数，这是由于超长结构越来越多，超长越来越严重，温度作用对结构安全的影响需要定量计算。与温度有关的设计参数一般包括温升、温降和施工条件能达到的结构合拢温度等。

3.5.2-5-5） 特殊结构施工和使用阶段的健康监测等。

3.5.2-7-1） "两种不同的计算程序"是指两个不同软件编制单位编制的程序，同时应尽可能选择两种计算模型不同的程序。

3.5.2-7-2） 结构分析所采用的计算模型应包括楼板、剪力墙、钢结构支座等的计算模型。

3.5.2-7-3） "主要控制性计算结果"是指设计规范（规程）规定的控制性限值等设计审查所必需的计算结果，如：包括结构周期、平扭系数、周期比、楼层侧向刚度比、刚重比、剪重比、位移角、位移比、结构总质量、有效质量系数、层间抗剪承载力比值、转换层上下楼层侧向刚度比、墙柱最大轴压比及在规定水平力作用下结构底层墙柱分别承担的地震倾覆力矩和剪力的比值、结构舒适度指标。多层砌体结构在竖向荷载和地震作用下墙体构件的强度分析结果；多层和高层混凝土或钢结构应包括结构自振周期、风荷载和地震作用下的顶点位移和各层层间位移角、超高层结构顶点最大加速度。地震作用下楼层竖向构件的最大水平位移（或层间位移）值与平均值的比值，振型数和质量参与系数，结构总重量，总地震作用，剪力系数（剪重比），总风力，风和地震作用下的总覆力矩及墙体和框架承担的倾覆力矩的比例，上下层结构侧向刚度的比值，采用时程法采用的波形、时程法和反应谱法计算结果的比较等；大跨度结构的挠度、主要构件的应力比、整体和局部的稳定性等。计算结果及分析可采用文字和图表相结合的形式。计算结果超限时应进行分析和说明，必要时提出施工图设计时拟采取的措施。

3.5.2-8 要求说明的内容应与设计图纸相对应。

3.5.2-9-3) "尚需建设单位进一步明确的要求"一般包括电梯、扶梯及特殊设备订货样本。

3.5.4 建筑结构工程超限设计可行性论证报告与初步设计文件之一的"设计说明书"两个文件编写的出发点和侧重点不同,应予以区别。

3.5.4-1 同3.5.2相关内容。当地震动参数取值或地震影响系数曲线与有关规范不一致时,应加以说明(地震作用应包括多遇地震、设防地震、罕遇地震的动参数)。

3.5.4-2 按照住房和城乡建设部《超限高层建筑工程抗震设防专项审查技术要点》进行判别,宜列成表格。

3.5.4-3 具体性能水准如:小震弹性、中震抗剪不屈服、中震正截面屈服、大震屈服等。

3.5.4-4 一般包括周期比、位移比、楼层侧向刚度比,层间抗剪承载力比值,位移角,顶点风振加速度,剪重比、刚重比、轴压比、框架及剪力墙地震作用分担比、大跨结构的挠度等。

3.5.4-5 宜以曲线表达的计算结果有:各层的层间位移角、最小剪重比、扭转位移比、楼层侧向刚度比、层间抗剪承载力比值、框架地震作用分担比等。

3.5.4-8 加载模式应不少于两种,加载方向不少于4个方向(如±X,±Y)。对于不需要作静力弹塑性分析的工程,可不列入静力弹塑性分析的内容。

3.5.4-9 对于不需作弹塑性时程分析的工程,可不列入弹塑性时程分析的内容。

3.5.4-15 结构各种分析结果应能达到规定的抗震性能目标,针对结构分析中暴露出来的薄弱层、薄弱部位必须提出对应的加强措施并对其有效性加以论证。

3.6.1 过去设计文件所要求列出的"主要电气设备及材料表",其中"材料"的统计烦琐且复杂,而其指导意义也不大,故按照当前实际情况,现设计文件只要求列出主要电气设备表。建筑电气专业的设计文件只要求列出主要电气设备表。主要电气设备一般包括变压器、开关柜、发电机及应急电源设备、落地安装的配电箱、插接式母线等,以及其他系统主要设备。提供的设备技术条件应能满足招标的需要。

3.6.2-2 二次装修电气设计是指装修范围内包括配电、控制、照明等所有的电气设计;照明专项设计是指体育场馆的比赛照明、室外景观照明、建筑物立面照明等设计;其他工艺设计是指厨房、洗衣房、数据机房、广电机房、医疗机房等其他专业机房或工艺的设计。建筑电气所涉及的系统,初步统计有二三十种之多,应根据工程的规模重要程度、复杂程度等,表述本工程需要设置的电气系统,供建设单位选择和供有关部门审查,最后确定取舍后作为施工图设计依据。当涉及两个或两个以上设计单位时,应说明各设计单位的设计内容以及各设计单位之间的设计分工与界面。

3.6.2-3 民用建筑电气变、配、发电系统的确定,应根据建筑物的情况,依据现行的国家有关标准,确定各类型负荷等级及其相应所需容量。

本条中所述内容,可以综合成表格形式表示。

3.6.2-4 导线、电缆、母干线等的类别是指阻燃、耐火、低烟无卤、矿物绝缘等特性要求。

3.6.2-5 照明设计基本上分为两大类，即正常运行所需照明和非正常情况下的照明，非正常情况，一般指供电系统故障（事故）停电和其他灾害（主要是指火灾）时应提供人员疏散或需要暂时继续工作时的照明。

照明系统所需供电负荷等级，已在供配电系统项目交代，而照明应按《建筑照明设计标准》GB 50034 的有关要求，确定照度值、功率密度值及其他特殊要求等。

3.6.2-10 在建筑电气各系统中，很多系统均涉及不同的接地要求。现行规范推荐建筑物采用共用接地系统，故需将接地系统作单独说明。

3.6.2-12 智能化设计中智能化各系统及其子系统的组成，参见《智能建筑设计标准》GB 50314。

3.6.2-14 建筑电气专业在初步设计审批时应确定项目的各项设计原则和外部条件，例如供电协议，当在该设计阶段未能获得项目的供电协议时，需在设计审批时提出，要求予以解决，否则无法进行下一步供电系统的施工图设计。

3.6.3-1 当有室外景观专项设计时，电气总平面图不需包括路灯、庭院灯的设计内容。

3.6.3-4 特殊工程是指单独采用滚球法或避雷带网格法不能满足防雷要求的工程，或者是仅利用天然接地体不能满足接地要求的工程。

3.6.4 主要电气设备表中只需列出主要电气设备的名称、型号、规格、单位、数量，其他电气设备和材料的统计见概算设计文件。

3.6.5 计算书主要为负荷计算和变压器选型计算等，在实际工作中采用的计算方法不尽相同，故在此不作硬性要求。计算方法、方式由设计人员自定。

3.6.5-6 需计算照度值和照明功率密度值的场所应包括《建筑照明设计标准》GB 50034 第6章所列举的场所，同类场所有多个的，只需计算其中有代表性的一个或几个。

3.7.2-1-2） 设计依据：设计手册、统一技术措施等只能作为设计参考，不能作为设计依据；地方标准只能作为当地的设计依据，其他地区也只能作为设计参考。

3.7.2-2 工程概况：对扩建或改建项目，应说明扩建或改建项目设计原则和依据性资料，扩建或改建与原系统之间的关联性，特别是新扩建项目与原工程总体之间的关系。

3.7.2-3 应明确设计范围。建筑给水排水，分为室内和室外两部分，为不同的设计子项，分别设计、出图。室内设计以距建筑物外墙 1.5~3m 为界（给水阀门井或第一个排水检查井）。室外部分为建筑红线内的小区总图外线。

需要专项设计或二次设计的系统如二次装修设计（指装修范围内包括给水、排水、喷洒等所有的给水排水及消防给水设计的深化、修改与调整）；消防专项设计（气体灭火、水喷雾及高压细水雾、大空间消防、超细干粉等特殊消防设计）；环保专项设计（污水处理）；抗震支吊架及其他需要二次设计的系统［满管压力流（虹吸）排水系统、雨水控制与利用、游泳池水处理系统、太阳能热水系统、整体卫浴、公共厨房给水排水、洗衣房、中水处理机房及其他专业机房或工艺的设计］等。

3.7.2-4-1） 当建自备水源时，一般不是建筑给水排水设计内容。应按照《市政公用工程设计文件编制深度规定》要求，另行委托设计。简单工程可参照下述要求，简单说明水源的水质、水温、水文、水文地质及供水能力，取水方式及净化处理工艺，说明各构筑物的工艺设计参数、结构型式、基本尺寸、设备选型、数量、主要性能参数、运行要求等。

3.7.2-4-4） 消防系统如系改建、扩建工程时，也应简介现有消防水源、水池、水箱、消防供水管网等情况。

3.7.2-4-5） 中水处理站工艺复杂，且可选用处理工艺多样，可进行二次设计。

3.7.2-4-6） 建筑小区（室外）循环冷却水系统主要为工业项目。主要技术指标可参考《工业循环水冷却设计规范》（GB/T 50102）及《工业循环冷却水处理设计规范》（GB 50050）。

3.7.2-4-7） 其他循环用水系统，如游泳池循环水系统、园区水系的循环系统、工业项目生产循环用水系统等。

3.7.2-5-3） 当生活、生产等污水需要处理时，一般不是建筑给水排水设计内容，应按照《市政公用工程设计文件编制深度规定》要求，由有市政或环保设计资质的公司另行设计。简单工程可参照上述要求，简单说明污水水质、处理规模、处理方式、工艺流程、设备选型、构筑物概况以及处理后达到的标准等。

3.7.2-5-5） 雨水的控制与利用系统，按照海绵城市的要求，落实"渗、滞、蓄、净、用、排"六字方针，主要是充分利用场地空间合理设置雨水基础设施，如设置下凹式绿地、雨水花园、植草沟等有调蓄雨水功能的绿地和水体；合理衔接和引导屋面雨水、道路雨水进入地面生态设施，并采取相应的径流污染控制措施；硬质铺装地面中透水铺装及雨水的收集、调蓄、净化与利用等。

雨水的控制与利用系统的设计应由建筑总图、环境景观、给水排水等专业协同设计。当设置绿色雨水基础设施面积较大时，应进行雨水专项规划设计。

3.7.2-6-4） 自动喷水灭火系统通常有湿式、干式、预作用等系统，还有水幕、雨淋、水喷雾、高压细水雾及泡沫系统等。

消防专篇中消防给水和灭火设施，上海市规定的基本要点，供参考。

（一）文字描述部分

1. 消防水源。由市政管网供水时，应说明市政供水干管的方位、管径大小及根数、能提供的水压；采用天然水源时，应说明水源的水质及供水能力、取水设施；采用消防水池供水时，应说明消防水池的设置位置、有效容量及补水量的确定、取水设施及其技术保障措施。

2. 室外消防给水和室外消火栓系统。包括室外消防用水量标准、一次灭火用水量、总用水量的确定，室外消防给水管径的大小、环通情况，室外消火栓的间距、数量，系统供水方式、设备选型及控制方式等情况。

3. 室内消火栓系统。包括室内消火栓的设置场所、用水量的确定，室内消防给水管道及消火栓的布置，系统供水方式、设备选型及控制方式，消防水箱的容量、设置位置及技术保障措施。

4. 自动喷水灭火设施。包括自动喷水灭火系统的设置场所、设计原则、设计参数、用水量的确定、系统组成、控制方式、消防水箱的容量、设置位置、技术保障措施以及主要设备选择等。

5. 其他自动灭火设施。包括自动灭火设施的设置场所、设计原则、设计参数、系统组成、控制方式以及主要设备选择等。

6. 消防水泵房。包括设置位置、结构型式、耐火等级、设备选型、数量、主要性能参数和运行要求。

（二）设计图纸部分

1. 消防给水总平面图

采用市政管网供水时，应清晰标注市政供水干管的方位、管径大小，在基地内形成室外消防供水管道平面位置、管径大小，室外消火栓的位置。

采用消防水池供水时，提供消防水池和消防水泵房平面图，标注有效容量及补水量。

2. 各消防给水系统的系统图。

3. 其他灭火系统的系统图。

3.7.2-8 参照 3.7.2-4-5）条文说明。

3.7.2-13 绿色建筑系指在全寿命期内，最大限度地节约资源（节能、节地、节水、节材）、保护环境、减少污染，为人们提供健康、适用和高效的使用空间，与自然和谐共生的建筑。

绿色建筑评价应遵循因地制宜的原则，结合建筑所在地域的气候、环境、资源、经济及文化特点，对建筑全寿命期内节能、节地、节水、节材、保护环境等性能进行综合评价。

《绿色建筑评价标准》GB/T 50378—2014，是采用打分的方式，总分达到50分为一星级，60分为二星级，80分为三星级。3个等级的绿色建筑均应满足该标准的所有控制项的要求，且每类指标的评分项得分不应小于40分。

绿色建筑评价指标体系在节地与室外环境、节能与能源利用、节水与水资源利用、节材与材料资源利用、室内环境质量和运行管理六类指标的基础上，增加"施工管理"类评价指标。

对给水排水专业，主要为节水与水资源利用，同时对节能、节材、室内环境、运营管理等项目加以控制。对水资源利用、给水排水系统设置、节水器具与设备选用、非传统水源利用及创新与提高均提出了要求。

设计中应按要求逐项进行阐述，对相应技术进行比较系统的分析与总结，并提供详细数据，满足评价标准的要求。

3.7.3-2-2） 应绘制主要设备机房（如水池、水泵房、热交换站、水箱间、水处理间、游泳池、水景、冷却塔、热泵热水、太阳能和屋面雨水利用等）平面设备和管道布置图，需要二次设计的，预留平面位置即可。在平面图中已表示清楚者，可不另出图。

3.7.4 设备及主要材料表包含主要设备及主要材料、器材等。

主要设备应包括设计选用的各类泵组、热水锅炉（机组）、换热器、冷却塔、水箱

（罐）等；主要材料、器材是指编制概算或采购时对性能或技术参数有特殊要求的器材，如消火栓、消防水泵接合器、喷洒头、特殊阀门（报警阀、信号阀、温控阀、减压阀、止回阀、安全阀、泄压阀等）、紫外线消毒器、雨水斗、水表及卫生洁具等。对一般通用材料，如管材、普通阀门（含止回阀）、管件、压力表、温度表等，可在设计总说明、图例中表明名称（符号）、材质、性能参数等要求，可不列入设备及主要材料表中。

3.8.4 为统一用词，各种水管、蒸汽管、制冷剂管、其他工艺气体管统称为"管道"，对应称谓为"立管"、"支管"。风管、烟气管称为"风道"，对应称谓为"竖风道"、"支风道"。

3.9.2-4-2） 有关柴油发电机组的内容，经研究后，修改为热能动力专业只负责编写油系统和排烟部分内容，设备选型和平面布置由电气专业编写。但各设计单位的专业分工不同，仍按自己单位的实际情况执行。

4 施工图设计

4.1.1-1 为了确保设计文件中各专业内容的完整性，避免设计文件中有关内容的重复，本规定不要求施工图设计文件单列建筑节能设计内容的综合专篇，但有关专业的设计文件（如设计说明），应有上述内容的专门章节。

4.1.1-2 工程预算书不是施工图设计文件必须包括的内容。但当合同明确要求编制工程预算书，且合同规定的设计费中包括单独收取的工程预算书编制费时，设计方应按本规定的要求向建设单位提供工程预算书。

4.1.1-2 注 工程概算书是初步设计应包括的内容，不能因为一阶段设计（即方案设计后直接进入施工图设计）而删减此内容。但如果一阶段设计合同要求编制预算书，再编制概算书就没有意义了。所以本规定要求：对于一阶段设计，如果设计单位不提供预算书，就应提供概算书。在本次修订工作中，曾收到关于删除此注的反馈意见。对此，修订组专门与住房与城乡建设部主管本规定的部门沟通，最终决定保留此注。

4.1.1-3 各专业计算书是内部作业文件，当主管部门组织设计文件审查要求提供计算书时，应按要求提供相关的计算书。

4.1.2 总封面的格式可由设计单位自行设计，标识的内容应包括（可不限于）本规定所列的内容。

4.2.4 同2.2.1条文说明。

4.3.3-2 同2.2.1-6条文说明。

4.3.3-7 在建筑工程中，建筑的幕墙工程均单独委托具备专业设计资质的幕墙公司进行专项设计、制作和安装。承担项目设计主体的建筑设计方在施工图设计说明中应该对幕墙的设计提出总体的技术要求，幕墙公司的设计在符合幕墙本身和应用材料的各项规范、标准及规定前提下，应该满足主体建筑设计方提出的这些要求内容，负责在施工中落实，并做到建成的幕墙满足建筑的风格与效果要求。

4.4.3-2-11） 在一定条件下的桩基工程，可先行桩基工程施工，再进行施工后检验。

4.4.3-5-8） 要求提供温度作用计算参数，这是由于超长结构越来越多，超长越来越严重，温度作用对结构安全的影响需要定量计算。与温度有关的设计参数一般包括温升、温降和施工条件能达到的结构合拢温度等。

4.4.3-7-2） "混凝土耐久性的基本要求"是指《混凝土结构设计规范》GB 50010 中第 3.4 节所规定的要求。

4.4.3-9-2） 钢筋连接方式及要求：机械连接时应说明等级，焊接连接时应说明焊材。

4.4.3-10-11） "涂装要求"，由于防腐涂料和超薄型防火涂料种类较多且品质差距较大，应当注明产品要求或产品标准，注明干漆膜厚度，必要时可注明防腐年限。在钢结构表面可不适用防腐漆的防火涂料，在使用前应提供该产品的性能说明和评估报告。

4.4.3-13 结构特殊施工措施、施工要求等。"施工需特别注意的问题"是指对安全有重大影响的拆模或支撑的条件，拆模或支撑的顺序，基坑开挖对相邻既有建筑的影响，地下室施工期间的抗浮措施（要求），大跨结构吊装要求等影响安全的事项。必要时应说明施工需遵守的主要施工规范和规程。

4.4.3-14 深基坑支护设计除满足支护结构本身的质量安全及施工要求外，尚需保证主体结构的安全施工，也不得影响主体结构构件如桩、承台、地下室墙体等的质量安全。

4.4.4-5 必要时说明基础材料的品种、规格、性能、抗渗等级、垫层材料、钢筋保护层厚度，对预制柱杯口基础，尚应说明杯口填充材料。

4.4.5-3 桩详图及其连接，若有标准图集，应允许采用，但应要求符合该图集使用条件。

4.4.5-5 柱下条形基础梁可参照相应的国家标准设计图集。

4.4.10 原来的术语"钢结构施工详图"改称"钢结构制作详图"。因为设计单位通常承担的钢结构设计也有施工图设计阶段，这样"钢结构设计施工图"与"钢结构施工详图"极易混淆并引起建设单位的误解，因此将"钢结构施工详图"改称"钢结构制作详图"。

规定"钢结构制作详图……，其设计深度由制作单位确定"，是因为钢结构制作详图只需满足加工制作的要求即可，且钢结构制作详图与制作工艺有关，而各钢结构制作单位的制作工艺不尽相同，故对"钢结构制作详图的设计深度"不作具体的规定。

若设计合同未明确要求编制钢结构制作详图，则钢结构设计内容仅为钢结构设计施工图，不包括钢结构制作详图。

4.4.10-4-2） "格构式构件"一般包括桁架（张弦梁）、格构式拱、柱、支撑等。

4.4.11-2 电算结果包括：振型、周期、扭转周期比、位移、扭转位移比、层刚度比、刚度中心与质量中心的偏差、楼层受剪承载力比、质量参与系数、水平荷载作用下基底剪力及地震剪力系数（剪重比）、水平荷载作用下基地倾覆力矩等；垂直荷载作用下的柱脚反力（桩基及底板计算依据）的图形输出；底层及控制层柱子轴压比图形输出；各层配筋图形输出；时程分析的主要结果；可用文字及图形表示；砖混结构的墙脚荷载和各层抗震计算图形输出。

4.5.1 电气计算书为内部资料，仅作为存档备查用，不是交付的设计文件的一部分。

4.5.3 施工图阶段的建筑电气设计说明，应将初步设计（或方案设计）审查所确定应设置的电气系统进行分项说明。如：建筑概况，变配电系统的负荷等级、容量，变配电站、发电站的设置，电信系统的设置情况，防雷、接地及安全等，以及各系统的设备选型线路敷设、订货要求等，应在说明中有所交代。电气节能措施，应交代节能产品的应用以及防止电气污染，减少损耗等有关内容。

4.5.3-10 当涉及两个或两个以上设计单位、施工单位和订货单位时，应说明相关的技术接口要求。

4.5.3-11 智能化各系统及其子系统内容繁多，本款内容可分系统和分子系统分别说明。

4.5.3-12 建筑主体设计单位对智能化专项及其他专项、深化设计的具体审核内容及审核方式由审核人员根据合同相关条文予以执行。

4.5.5-2 本条中的部分内容由外单位负责设计、出图时暂不能确定的内容，例如供电局负责设计的公变部分的变压器容量等，在电气总平面图中不需表达，但应加以说明。当有室外景观专项设计时，电气总平面图不需包括路灯、庭院灯的设计内容。

4.5.5-4 当电缆敷设方式、人（手）孔型号等选用标注图时，应标注标准图选用表。

4.5.6-3 继电保护及信号原理应尽量采用国家标准图集和企业定型产品，设计可只交代对成套产品的要求。

4.5.7 配电、照明平面图上，电专业只标注配电箱编号和回路编号现在已是全国都认可的做法，不在系统图和平面图上重复标注相别、型号、规格、敷设方式等内容，可避免系统图与平面图之间的矛盾，更有利于施工方便。

4.5.7-2 此处"专项设计"指的是洗衣机房的洗衣工艺设计、厨房的厨房工艺设计等专项设计内容，其一般不包含在建筑设计单位的设计内容内，而是另外委托专业公司进行设计，因此这方面的电气设计内容，也应由专业设计公司负责。

4.5.7-3 应按《建筑照明设计标准》GB 50034 第 6 章所列举的场所，列出照度值和照明功率密度值的实际计算值，以及其他需控制的节能指标。

装修区域平面及配电箱系统设计均由装修设计完成。

4.5.8-2 当施工图设计阶段，智能化专项设计已介入时，此部分内容宜纳入智能化专项设计中。

4.5.11 智能化各系统及子系统内容繁多，干线桥架走向图可分系统和分子系统汇总表示。

4.5.12 主要电气设备表中只需列出主要电气设备的名称、型号、规格、单位、数量，其他电气设备和材料的统计见预算设计文件。

4.6.1 设备及主要材料表内容参照3.7.4条。

4.6.2 对设计选用的标准图应按现行版本选用。给出图集号及选用页数。

4.6.3-1-1） 设计依据参照3.7.2-1条。

4.6.3-1-4） 小区内有多栋建筑物时可绘制"建（构）筑物消防流量一览表"。当生活给水系统等分区供水或多个供水系统时，应给出（可列表）各分区或系统的秒设计流量及设计压力。

4.6.3-1-8）绿色建筑设计内容，除应满足《绿色建筑评价标准》GB/T 50378 的相关要求外，还应满足当地的规程、规范的要求。

对施工图设计阶段，绿色建筑说明应简明表述施工图设计文件中的绿色建筑设计内容、重要指标等信息，以方便审核人员验证设计文件是否达到绿色建筑设计目标。除绿色建筑设计目标和对施工与建筑运营管理的技术要求之外的其他说明内容可采用表格的形式。

给水排水

编号	内容	说明	相关设计文件
	……		
6.2.4	设置用水计量装置： 按使用用途，对厨房、卫生间、绿化、空调系统、游泳池、景观等用水分别设置用水计量装置，统计用水量；或按付费或管理单元，分别设置用水计量装置，统计用水量	按使用用途设置用水计量装置	水施-x
	……		

根据《绿色建筑评价标准》，给水排水在常用的绿色建筑设计技术见下表。

编号	内容
4.1.3	场地内无超标污染物排放
4.2.14	合理规划地表与屋面雨水径流，对场地雨水实施外排总量控制，其场地年径流总量控制率达到55%及以上
5.2.12	合理选用节能型电气设备： 1. 三相配电变压器满足现行国家标准《三相配电变压器能效限定值及能效等级》GB 20052 的节能评价值要求。 2. 水泵、风机等设备，及其他电气装置满足相关现行国家标准的节能评价值要求
5.2.15	合理利用余热废热解决建筑所需的蒸汽、供暖或生活热水需求
5.2.16	根据当地气候和自然资源条件，合理利用可再生能源： 1. 利用可再生能源提供生活热水比例不低于20%。 2. 利用可再生能源提供空调冷量和热量的比例不低于20%。 3. 利用可再生能源提供电量比例不低于1%
6.1.1	制定水资源利用方案，统筹利用各种水资源
6.1.2	给水排水系统设置合理、完善、安全
6.1.3	采用节水器具
6.2.1	建筑平均日用水量满足现行国家标准《民用建筑节水设计标准》GB 50555 中的节水用水定额的要求
6.2.2	采取有效措施避免管网漏损： 1. 选用密闭性能好的阀门、设备，使用耐腐蚀、耐久性能好的管材、管件。 2. 室外埋地管道采取有效措施避免管网漏损。 3. 设计阶段根据水平衡测试的要求安装分级计量水表；运行阶段，提供用水量计量情况和管网漏损检测、整改的报告

编号	内容
6.2.3	给水系统无超压出流现象，用水点供水压力不大于 0.30MPa，或不大于 0.20MPa，且不小于用水器具要求的最低工作压力，得 8 分
6.2.4	设置用水计量装置： 按使用用途，对厨房、卫生间、绿化、空调系统、游泳池、景观等用水分别设置用水计量装置，统计用水量；或按付费或管理单元，分别设置用水计量装置，统计用水量
6.2.5	公共浴室采取节水措施： 1. 采用带恒温控制和温度显示功能的冷热水混合淋浴器。 2. 设置用者付费的设施
6.2.6	使用较高用水效率等级的卫生器具，用水效率等级达到 3 级及以上
6.2.7	绿化灌溉采用节水灌溉方式： 采用节水灌溉系统，在此基础上设置土壤湿度感应器、雨天关闭装置等节水控制措施；或种植无需永久灌溉植物
6.2.8	空调设备或系统采用节水冷却技术： 1. 循环冷却水系统设置水处理措施；采取加大集水盘、设置平衡管或平衡水箱的方式，避免冷却水泵停泵时冷却水溢出。 2. 运行时，冷却塔的蒸发耗水量占冷却水补水量的比例不低于 80% 或采用无蒸发耗水量的冷却技术
6.2.9	除卫生器具、绿化灌溉和冷却塔外的其他用水采用了节水技术或措施。其他用水中采用了节水技术或措施的比例不低于 50%
6.2.10	合理使用非传统水源
6.2.11	冷却水补水使用非传统水源
6.2.12	结合雨水利用设施进行景观水体设计，景观水体利用雨水的补水量大于其水体蒸发量的 60%，且采用生态水处理技术保障水体水质： 1. 对进入景观水体的雨水采取控制面源污染的措施。 2. 利用水生动、植物进行水体净化
8.2.3	采取减少噪声干扰的措施： 1. 建筑平面、空间布局合理，没有明显的噪声干扰。 2. 采用同层排水或其他降低排水噪声的有效措施，使用率在 50% 以上
11.2.10	应用建筑信息模型（BIM）技术
11.2.12	采取节约能源资源、保护生态环境、保障安全健康的其他创新，并有明显效益。

4.6.3-1-9） 需要专项设计或二次设计的系统见 3.7.2-3 说明。主体设计院应提出的技术要求，并配合有相应设计资质的专项设计公司（其采用的设计软件应有国家有关权威部门的认证）预留机房等面积、给水排水管道、其他专业条件。

抗震设防烈度为 6 度（甲类建筑）及 6 度以上地区的建筑机电工程必须进行抗震设计。对给水排水工程，主要是管道及其抗震支吊架、设备、设施抗震设计等，由主体设计单位提出，由有设计资质的公司（产品供应商）进行二次设计并配合施工单位进行优化、施工。

对专项设计内容，业主可委托主体设计院设计也可另行委托设计。对二次深化设计成果，本着谁委托谁负责的原则，主体设计院委托时应对设计成果进行校核确认。必要时，与主体设计同时出图。

4.6.4-2 构筑物指化粪池、隔油池等。

4.6.4-4 给水管的埋设深度或敷设的标高可在设计说明中表述。复杂项目可标注管道长度,并绘制节点图,注明节点结构。设计中选用的标准图可在图中标注或在设计说明中阐述。

4.6.4-5、4.6.5 为控制排水管道埋深及便于施工,建筑小区内对起控制作用主要排水检查井进行编号标注即可。如起点、变径、变坡处、转折处、排水管道交汇处、连接排水构筑物进出井、出户井等。

简单工程可参照上述要求。系统较大时,应按照《市政公用工程设计文件编制深度规定》要求,由有市政设计资质的公司另行设计。

4.6.6 自备水源取水工程,因工艺复杂,超出一般建筑给水排水设计范围,应按照《市政公用工程设计文件编制深度规定》要求,由有市政设计资质的公司另行设计。

4.6.7 雨水控制与利用系统设计,一般应进行专项设计。

简单工程可按下列要求设计。除满足 3.7.2-3 要求外,应给出以下详图:

1. 雨水调蓄池的接管详图。
2. 雨水井、雨水口、提升、收集设施、渗排水设施的接管详图。
3. 雨水回用设施的详图。

4.6.8-3 管径较大可根据工程实际确定,一般指管径≥300～500mm。如房间管道较大、安装较宽松时,可按管径≥500mm执行。管道绘制双线图目的是满足施工要求。

4.6.11 对建筑小区内简单的污水处理工程,可由专业公司二次设计,主体设计院预留位置及提出设计要求,对设计文件进行审核。

4.6.12-1-4) 在平面图中引入管处标注管道设计流量和水压值,便于总图外线设计,也可标注在系统图中。设计说明能阐述清楚时也可在设计总说明中给出。

4.6.12-1-7) 进行专项设计(二次深化设计)时,应委托有设计资质的公司进行专项设计(二次深化设计),其采用的设计软件应有国家有关部门的认证。主体设计单位应对设计成果进行校核。委托有设计资质的公司时,可以分包出图,无设计资质的公司的设计参考图,设计主体单位应对设计成果进行校核、确认并出图。

4.6.12-2-1) 当用系统原理图能表达清楚时,可只给出系统原理图或展开系统原理图,施工单位根据系统原理图适当深化。

对热水系统管径较大时,给出伸缩节、固定支架等。

4.6.12-2-1)/2) 展开系统原理图和轴测图,图中如各层(或某几层)卫生设备及用水点接管(分支管段)情况完全相同时,在展开系统原理图上可只绘一个有代表性楼层的接管图,其他各层注明同该层即可。

4.6.13 同 3.7.4 条文说明。

4.6.14 计算书是设计的基础,给排水设计师应按规范等要求认真计算,使设计做到经济合理。计算书作为内部技术资料,各单位应存档备查。

4.7.5-8 本条所述工艺,指厨房、洗衣房及洁净手术室等涉及的功能、流程。

4.8.5 同 3.9.2-4-2）条文说明。

5 专项设计

5.3.1 方案设计、初步设计和施工图设计阶段应在智能化工程施工招标之前完成，深化设计应在智能化工程施工招标之后完成。

建筑智能化除火灾自动报警及火灾应急广播两个系统外均包含在专项设计范围内。

由于建筑智能化系统关系到建筑的使用功能，未来管理的模式及应用水平，建筑智能化与各专业紧密关联（如：机房位置及面积的确定、电量及供电位置的确定、机电设备的监控方案等），应与建筑设计同期进行设计，并保持进度一致。

智能化专项设计文件应能满足预算专业编制各设计阶段预算文件的要求，满足智能化专业招标的要求。

5.3.2-1 系统造价估算为本工程拟设智能化系统工程的造价。系统造价估算方法采用单位指标法计算。估算以"单位面积造价"为基础，单位为"元/m²"，单位面积造价为经验值。智能化系统工程根据单位面积所需要的造价计算出建筑总造价。例如：对于单体建筑可以按照单位面积所需要的投资额乘以建筑总面积计算出建筑总造价，对于综合体建筑可以分为不同业态的单位面积造价乘以各业态的建筑总面积计算出综合体建筑总造价。

5.3.2-2-1）-① 反映建筑规模的主要技术指标包括旅馆的床位数，剧院、体育场馆等的座位数，医院的门诊人数和住院部的床位数，停车场停放车辆数等。

5.3.2-2-1）-② 方案阶段应规划本项目的智能化专业机房设置的数量和位置，还应规划机房的功能和面积，作为提给建筑以及其他专业的设计条件。智能化机房应包括消防控制室、安防及智能化控制中心、信息中心机房、弱电间以及其他辅助功能用房等。

5.3.3-3-4） 设计原则应包含布点原则。

5.3.3-3-6） 市政相关部门的技术接口指电信运营商通信接入方式的要求，包括宽带、电话、有线电视。相关专业指暖通、电气（强电）、给排水、园林绿化等机电设备专业。

5.3.3-4-2） 机房位置通过园区总平面图表示；机房布置图应包括消控、安防、智能化及数据中心机房及弱电间内部布置图。

5.3.3-5-1） 子系统规模指系统规划的点数及系统设备组成。

5.3.3-5-2） 子系统数量指系统规划的点数。系统概算方法采用单位指标法计算，概算以单点造价为基础，单位为"元/点"，单点造价为经验值。对于单体建筑智能化系统工程根据每个子系统所需要的单点造价计算出各子系统的造价，再根据各子系统的造价计算出建筑总造价。

5.3.4-4 设计说明宜采用设计总说明的方式简单描述，也可采用分系统各自说明的方式详细描述。

5.3.4-9-2） 根据主要设备材料清单编制系统预算。

5.3.4-13-1） 布线系统的设置标准指布线链路上的设备、线缆的标准。

5.3.4-13-2） 当系统终端点位未确定前，宜采用终端接入箱（CP）的方式表示绘制系统平面图，具体点位可在深化设计阶段根据装修方案确定。

5.3.4-15 公共广播包含业务广播和应急广播功能，可以根据建筑功能需要分别设置或合并设置，业务广播可以兼作应急广播。

5.3.4-19 对于不同建筑类型的建筑存在着不同的专业工作业务系统，应根据业务特征提供专业工作业务系统图、平面图及设计说明。例如：

1）办公建筑应根据业务特征提供专业工作业务系统图、平面图及设计说明。

2）商业建筑应提供商场管理拓扑图，POS机、客流统计等系统图。

3）酒店建筑应提供酒店管理拓扑图、客房控制系统图及平面图、VOD点播系统图。

4）医疗建筑应提供医院信息管理系统、医用排队叫号系统、远程视频示教系统、病房呼叫系统、重症探视系统、婴儿防盗系统等系统架构图或系统图。

5）体育建筑应提供场地扩声、计时记分及现场成绩处理、现场影像采集及回放、电视转播和现场评论、售检票、升旗控制、储物柜管理、比赛集成管理等系统架构图或系统图。

6）文化建筑、教育建筑、交通建筑、媒体建筑等其他建筑类型，应根据建筑的业务特征提供专业工作业务系统架构图或系统图、平面图及设计说明。

5.3.4-22 承包商按照监控原理图定制控制箱时，应提供控制箱布置图及接线图供审核。

5.3.4-26 设备清单编制应在施工图完成后进行，可以委托设计人或预算编制单位完成。

5.3.4-27 招标用户技术需求书应在施工图完成后进行，可以委托设计人或设计顾问（或咨询）单位完成。

深化设计阶段应在招标工作完成后进行，由中标人完成深化设计图纸，也可以委托设计人完成。

深化设计文件应符合施工图阶段设计文件的要求，施工图阶段的设计文件包括施工图、用户技术需求书以及招标清单。

安装详图包括材料和设备安装示意图，控制台、箱、柜内部设备安装示意图，应表示出材料和设备布置的位置、形式、接线和线路排布要求，应达到可以指导材料及设备的安装、接线、调试、验收以及维护所需的要求。